W0269880

Service-Telefon 0800 - 8 63 44 88

Rufen Sie uns an, wenn Sie Fragen zum Einsortieren der Folgelieferung haben, wenn Ihnen Folgelieferungen fehlen, oder wenn Ihr Werk unvollständig ist.
Wir helfen Ihnen schnell weiter!

Der Inhalt dieser Folgelieferung

Titel des Beitrags	aktualisiert	neu, bzw. erweitert	Seiten
Aktuelles		X	20
Organisation und Personal Teil 4: Personalqualifizierung und -schulung		X	30
Kommunikative Unternehmensführung Teil 2: extern	X		17
Umweltriskmanagement		X	21
Internes Operatives Umweltmanagement Teil 4: Produktrecycling		X	26
Externes Operatives Umweltmanagement Teil 7: Umweltverträglichkeitsprüfung		X	4
EDV-gestützer Umweltschutz Teil 3: Programmsteckbriefe		X	3
Produktion Teil 4: Nahrungsmittel		X	17
Diverse Verzeichnisse	X		21
Gesamt			159

Vorgesehener Seitenpreis (inkl. 7 % MwSt.) ca.: DM 0,56
Diese Folgelieferung: Preis DM 89,–; Seiten: 159; tatsächlicher Seitenpreis (inkl. 7 % MwSt.): DM 0,56

Betriebliches Umweltmanagement
Grundlagen – Methoden – Praxisbeispiele

Herausgegeben von
U. LUTZ, K. DÖTTINGER (†) UND K. ROTH

Redaktion
M. NEHLS-SAHABANDU

Mit Beiträgen von
H. W. ADAMS, M. AL-RADHI, M. BAUER, E. BEHNKE,
D. BESCHORNER, E. BIERI, M. BLOSER, K. E. BÖHM,
W. BRANDSTETTER, H. BROUWERS, D. BUTTERBRODT, F. CLAUS,
A. DAMKE, F. DASCHNER, W. DIETZ, H.-P. DORLÖCHTER,
K. DÖTTINGER, H. DUPPEL, F. EBINGER, R. EGGERT, C. EIPPER,
C. ENDEMANN, H. FIEGE, H. FISCHER, W. FRANKE, C.A. FRH. V.
GABLENZ, M. GEGE, P.P. GEPPERT, I. GÒZON, A. HAMPP, B. HANF,
S. HÄRING, W. D. HARTMANN, J. HASELBACH, W. HENNIG,
B. HILLAND, U. HOMMEL, U. HOMMELSHEIM, W. HOPFENBECK,
M. JACOBI, H. JANZEN, C. JASCH, E. KAMMERER, L. KELLER,
R. KÖNIG, H. KÖSER, M. KREEB, H. KREIKEBAUM, R. KURZ,
P. LEINWAND, C. LIEDTKE, M. LÖRCHER, H.-P. LÜHR, U. LUTZ,
B. MARTIN, D. MATTEN, K. MICHENFELDER, M. MÜHLICH,
W. MÜLLER, K. NEFF, M. NEHLS-SAHABANDU, W. NOBEL,
T. ORBACH, A. PRAETZLER, N. PREHN. G. RADOGLOU, R. RAUBER-
GER, G. REHRL, J. REUTER, H. RIXEN, K. ROTH, A. SANDNER,
K. SCHMIDT, R. SCHMIDT, S.J. SCHMITZ, M. SCHREINER,
G.U. SCHÜTTPELZ, H. SENDLER, A. SPILLER, V. STAHLMANN,
C. STEILMANN, R. STEINHILPER, W. STÖLZLE, U. TAMMLER,
P.-M. VALET, B. WAGNER, S. WEISS, U. WELZ-BACHER, A. WIELAND,
M. WILLIG, J. WUTTKE, F. WYSS, S. ZICKGRAF, J. ZÜRN

Folgelieferung Januar '99

Springer-Verlag Berlin Heidelberg GmbH

Impressum

Herausgeber:
Dr.-Ing. ULRICH LUTZ
Trischler und Partner GmbH
Beratende Ingenieure Geotechnik,
Umweltschutz, Berliner Allee 6,
64295 Darmstadt

Prof. Dr.-Ing. KARLHEINZ DÖTTINGER (†)

Dr. rer. nat. KARLHEINZ ROTH
TÜV Energie und Systemtechnik
GmbH, Baden-Württemberg
Gottlieb-Daimler-Straße 7
70794 Filderstadt

Verantwortliche Redakteurin:
Dr. rer. nat. MARTINA NEHLS-SAHABANDU

Projektentwicklung:
Dr. NIKLAS STILLER,
med-inform, Verlagsgesellschaft mbH
Schneider-Wibbel-Gasse 4
40213 Düsseldorf

EVA HESTERMANN-BEYERLE
Springer-Verlag

Zentralredaktion:
ELKE BIEBER, med-inform,
Verlagsgesellschaft mbH

Satz:
KAREN FLEMING, med-inform,
Verlagsgesellschaft mbH

Visuelles Konzept: MetaDesign, Berlin

Geschäftliche Post bitte
ausschließlich an den
Springer-Verlag, Auftragsbearbeitung zu
Händen von RENATE ASSMANN
Postfach 14 02 01, 14302 Berlin

ISBN 978-3-540-65435-3
ISBN 978-3-662-24817-1 (eBook)
DOI 10.1007/978-3-662-24817-1

Sektion 00, Einleitung

00.00 **Einleitung**
(Stand: März '95)

00.01 **Inhaltsübersicht**
(Stand: Januar '99)

00.02 **Autorenverzeichnis**
(Stand: Januar '99)

Folgelieferung Januar '99

Inhaltsübersicht der Sektionen und ihrer Kapitel

(die mit der Folgelieferung Januar '99 gelieferten Beiträge sind farbig unterlegt.)

Sektion 00, Einleitung

00.00	Einleitung	K. Döttinger, U. Lutz, K. Roth
00.01	Inhaltsübersicht	
00.02	Autorenverzeichnis	

Sektion 01, Betriebswirtschaftliches Umweltmanagement

01.01	Umweltschutz als betriebswirtschaftlicher Faktor	D. Beschorner
01.03	Umweltkostenrechnung – Stand und Entwicklungsperspektiven	T. Orbach, C. Liedtke H. Duppel
01.04	Umweltkennzahlen	C. Jasch

Sektion 02, Strategisches Umweltmanagement

02.01	Umweltschutz und Unternehmensziele	R. Kurz, A. Spiller
02.02	Organisation und Personal	
	Teil 1: Rolle der Geschäftsführung	M. Jacobi
	Teil 2: Organisation	H.W. Adams
	Teil 3: Personalplanung	H. Kreikebaum
	Teil 4: Personalqualifizierung und -schulung	M. Willig
02.03	Umwelthaftung	
	Teil 1: Gesetzliche Grundlagen	C. A. Freiherr von Gablenz
	Teil 2: Versicherungsschutz	P.P. Geppert
02.04	Umweltorientierte Planungsinstrumente	H. Janzen, D. Matten
02.05	Umweltschutz und Qualitätsmanagement	R. Eggert
02.06	Kommunikative Unternehmensführung	
	Teil 1: Intern	S.J. Schmitz
	Teil 2: Extern	M. Bloser und F. Claus
02.07	Rechtliche Verantwortung von Führungskräften	
	Teil 1: Strafrechtliche Verantwortung	K. E. Böhm
	Teil 2: Zivilrechtliche Verantwortung	B. Hilland
02.11	Total Productive Maintenance	M. Al-Radhi, D. Butterbrodt, U. Tammler

Sektion 03, Taktisches Umweltmanagement

03.01	Aufbau- und Ablaufkontrolle	M. SCHREINER
		F. EBINGER,
03.02	Schnittstellenmanagement	M. GEGE, A. DAMKE
03.05	Störfallmanagement	
	Teil 1: Interne Organisation	R. RADOGLOU
	Teil 2: Externe Informationspflichten	A. SANDNER
03.06	Umweltriskmanagement	CH. EIPPER
03.07	Genehmigungsmanagement	
	Teil 1: Behördliche Akzeptanz	P.-M. VALET
	Teil 2: Industrielle Durchführung	J. REUTER, J. HASELBACH

Sektion 04, Operatives Umweltmanagement

04.01	Internes Operatives Management	
	Teil 1: Forschung und Entwicklung	J. ZÜRN
	Teil 2: Materialwirtschaft und Einkauf	V. STAHLMANN
	Teil 4: Produktrecycling	R. STEINHILPER
	Teil 6: Marketing	W. HOPFENBECK
	Teil 7: Arbeitsschutz	U. WELZBACHER
	Teil 8: Logistik im Versorgungsbereich	W. STÖLZLE
	Teil 9: Entsorgungslogistik	W. STÖLZLE
	Teil 10: Umweltorientierte Produktpolitik	W. HOPFENBECK
04.02	Externes Operatives Management	
	Teil 1: Entsorgungsverfahren der Abfallwirtschaft	J. WUTTKE
	Teil 3: Kreislaufwirtschaft	U. HOMMEL
	Teil 4: Altlasten	N. PREHN
	Teil 6: Lärmschutz	B. MARTIN
	Teil 7: Umweltverträglichkeitsprüfung	S. HÄRING, W. NOBEL
	Teil 8: Gewässerschutz und Abwassermanagement	H.-P. LÜHR
	Teil 9: Anlagenbezogener Umgang mit wassergefährdenden Stoffen	H.-P. LÜHR
04.03	Ökocontrolling	E. KAMMERER, B. WAGNER
04.04	Ökobilanz	E. BIERI, L. KELLER
04.05	Ökologische Produktbewertung und Produktbaumanlayse	R. RAUBERGER, B. WAGNER
04.06	EG-Umweltbetriebsprüfung	
	Teil 1: Grundlagen	A. PRAETZLER, S. ZICKGRAF
	Teil 2: Durchführung	U. HOMMELSHEIM

Folgelieferung Januar '99

	Teil 3: Umwelterklärung	H. Brouwers
	Teil 4: Validierung	W. Franke
04.07	Dokumentation des betrieblichen Umweltschutzes	
	Teil 1: Umweltmanagement in ISO-Standards	K. Michenfelder
	Teil 3: Integrierte Management-Systeme	G. Rehrl
	Teil 4: Arbeits- und Verfahrensanweisungen	W. Dietz
	Teil 5: Umweltmanagement-Handbuch: Grundlagen	A. Wieland
	Teil 6: Musterhandbuch Umweltmanagement	A. Wieland
04.08	EDV-gestützter Umweltschutz	
	Teil 2: Software für das Umweltmanagement	M. Lörcher
	Teil 3: Programmsteckbriefe	M. Lörcher
	Teil 4: Internet	M. Nehls-Sahabandu, M. Kreeb
04.09	Betriebsbeauftragte	
	Teil 1: Abfall	E. Behnke
	Teil 4: Immissionsschutz	B. Martin

Sektion 05, Fallreportagen

05.01	Produktion	
	Teil 1: Klebstoffchemie	G. U. Schüttpelz
	Teil 2: Metallverarbeitende Industrie	K. Neff
	Teil 3: Automobilindustrie	W. Brandstetter, W. Hennig
	Teil 4: Nahrungsmittel	B. Hanf
	Teil 5: Verpackungsindustrie	M. Bauer
	Teil 6: Elektronik	A. Hampp
	Teil 9: Lacke und Farben	H. Fischer
	Teil 10: Bekleidungsindustrie	W. D. Hartmann, K. Schmidt, R. Schmidt, C. Steilmann
	Teil 11: Pharmazie	I. Gózon, H. Köser
	Teil 12: Hausgeräte	R. König
	Teil 13: Bauindustrie	C. Endemann
05.02	Dienstleistung	
	Teil 1: Banken	S. Weiss
	Teil 2: Einzelhandel	H. Rixen, M. Nehls-Sahabandu
	Teil 4: Luftverkehr	F. Wyss
	Teil 5: Logistik	H. Fiege
	Teil 6: Versandhandel	H.-P. Dorlöchter

Teil 7: Umweltmanagement im Krankenhaus   W. MÜLLER,
                                                 M. MÜHLICH,
                                                 F. DASCHNER

Sektion 99, Anhang

99.01   Umweltrecht
        Teil 1: Grundlagen   H. SENDLER
99.03   Adressen
        Teil 1: Verbände und Organisationen   M. NEHLS-SAHABANDU
        Teil 3: Zuständige Stellen und Zulassungsstellen
        in den europäischen Mitgliedsstaaten gemäß
        EG-Verordnung 1836/93   A. PRAETZLER
99.04   Checklisten
        Teil 1: Checklisten zum Umwelt-Audit   P. LEINWAND
99.05   Stichwort-Index   M. NEHLS-SAHABANDU

Autorenverzeichnis

AL-RHADI, MEHDI,
Dipl.-Ing., Wissenschaftlicher Mitarbeiter
des IWF am Produktionstechnischen Zentrum
der Technischen Universität Berlin

ADAMS, HEINZ W.,
RA Dr.-Ing., Dr. Adams und Partner
Unternehmensberatung GmbH, Duisburg

BAUER, MATTHIAS,
Abteilungsleiter Umweltschutz und Sicherheit,
Tetra Pack Produktions GmbH, Limburg

BEHNKE, EBERHARD,
Dr., Geschäftsführendes Vorstandsmitglied,
Verband der Führungskräfte, Essen

BESCHORNER, DIETER,
Prof. Dr., Universität Ulm,
Abteilung Unternehmensplanung, Ulm

BIERI, ELVIRA,
Lic. rer. pol., Ökoscience Beratung AG,
CH-Zürich

BLOSER, MARCUS,
Dipl. Ing. Raumplanung, iku Institut für
Kommunikation und Umweltplanung, Dort-
mund

BÖHM, KLAUS, E.,
Dr. jur., RA, Dr. Böhm & Coll., Düsseldorf

BRANDSTETTER, WALTER
Dipl. Ing., Prof. Dr., Direktor für Umweltschutz
und Sicherheit, FORD-Werke AG, Köln

BROUWERS, HERMANN,
Dr. rer. nat., Dipl.-Biol., Kothes & Klewes,
Bonn

BUTTERBRODT, DETLEF
Dipl.Ing., IWF Bereich Qualitätswissenschaft,
TU Berlin

CLAUS, FRANK,
Dr. rer. nat., Geschäftsführer, iku Institut für
Kommunikation und Umweltplanung,
Dortmund

DAMKE, ANDREAS,
Dipl.-Kfm., Vorstandsassistent,
Baum Consult e.V., Hamburg

DASCHNER, FRANZ
Prof., Dr. med.,Institutsdirektor, Institut für
Umweltmedizin und Krankenhaushygiene,
Klinikum der Albert-Ludwigs-Universität,
Freiburg

DIETZ, WINFRIED,
Dipl.-Ing., geschäftsführender Unternehmens-
berater, Wallenhorst

DORLÖCHTER, HANS-PETER,
Umweltschutzbeauftragter, Neckermann Ver-
sand AG, Frankfurt

DÖTTINGER, KARLHEINZ, †
Prof. Dr., Mannheim

DUPPEL, HEIKO
Dipl.-Ing.,Universität/Gesamthochschule Sie-
gen, Fachbereich II, Maschinentechnik, Institut
für Systemtechnik

EBINGER, FRANK,
Dipl. Betriebswirt, wissenschaftlicher Mitarbeiter, Institut für Ökologie und Unternehmensführung an der European Business School,
Oestrich-Winkel

EGGERT, RENATE,
Dr. rer. nat., Dipl.-Chem.,
Deutsche Gesellschaft zur Zertifizierung von
Managementsystemen mbH, Berlin

EIPPER, CHRISTOPH
Dr., UMR Gesellschaft für Umweltmanagement und Risiko-Service mbH, Nürnberg

ENDEMANN, CHRISTA,
Betriebliche Umweltberaterin, Hering-Bau,
Burbach

FIEGE, HUGO,
Dr., Geschäftsführer Fiege-Gruppe, Greven

FISCHER, HERMANN,
Dr. rer. nat., Dipl.-Chem., Geschäftsführer
Auro Pflanzen-Chemie GmbH, Braunschweig

FRANKE, WERNER,
Dipl. Meteorologe, Landesanstalt für Umweltschutz Baden-Württemberg, Karlsruhe

GABLENZ, CARL AUGUST FRH. VON,
Rechtsanwalt, Vorstandsvorsitzender der
Gegenseitigkeit Versicherung, Oldenburg

GEPPERT, PETER P.,
Abteilungsdirektor, Leiter Produktentwicklung
Haftpflicht/Inland, Gerling-Konzern, Allge-
meine Versicherungs-Aktiengesellschaft, Köln

GEGE, MAXIMILIAN,
Dr. rer. pol., Dipl.-Kfm., Geschäftsführendes
Vorstandsmitglied, Baum Consult e.V., Ham-
burg

GÓZON, ISTVÁN,
Dipl.-Chem. Ing., Bereichsleiter Umweltschutz
und Sicherheit, Boehringer Ingelheim GmbH,
Ingelheim am Rhein

HAMPP, ALOIS
Dipl.-Ing., Referatsleiter Umweltschutz, Sie-
mens Nixdorf Informationstechnik AG, Augsburg

HANF, BERNHARD
Dipl.-Ing., Koordination Umweltschutz, HIPP
Werk Georg Hipp GmbH & Co. KG, Pfaffen-
hofen

HÄRING, SABINE,
Dipl.-Geographin, Sabine Häring Umwelt-
beratung und -management, Stuttgart

HARTMANN, WOLF D.,
Prof. Dr. oec., Geschäftsführer des Klaus Steil-
mann Instituts für Innovation und Umwelt
(KSI), Bochum-Wattenscheid

HASELBACH, JOACHIM,
Dr., Leiter Sicherheit, Umwelt und Qualität
Stockhausen GmbH & Co.KG, Krefeld

HENNIG, WOLFGANG,
Dipl.-Chem., Dr. rer.nat., Strategie-Gruppe/
Kommunikation; Umweltschutz und Sicher-
heit, FORD-Werke AG, Köln

HILLAND, BERNHARD,
Dr. jur., RA, Anwaltskanzlei
Dr. Hilland und Dr. Gudd, Stuttgart

HOMMEL, ULRICH,
Dipl. Ing., AWIPLAN Planungsgesellschaft
Abfallwirtschaft mbH, Korntal-Münchingen

HOMMELSHEIM, ULRICH,
Dr. rer. nat., Geschäftsführer, Arcadis Trischler
& Partner GmbH, Darmstadt

HOPFENBECK, WALDEMAR,
Prof. Dr., FB Betriebswirtschaft,
Fachhochschule München

JACOBI, MICHAEL,
Dipl. Ing., Mitglied der Geschäftsleitung,
Mohndruck Graphische Betriebe GmbH,
Gütersloh

JANZEN, HENRIK,
Prof. Dr. rer. pol., FB Maschinenbau,
Fachhochschule Schmalkalden

JASCH, CHRISTINE
Univ. Lekt. Mag. Dr., Wirtschaftstreuhände-
rin, Umweltgutachterin, Leiterin des Instituts
für ökologische Wirtschaftsforschung, Wien

KAMMERER, EVA,
Dipl. Ök., Umweltberaterin, Institut für
Management und Umwelt, Augsburg

KELLER, LEO,
Dipl.-Chem., ETH, Geschäftsleiter Ökoscience
Beratung AG, CH-Zürich

KÖNIG, REINER
Leiter Umweltpolitik und Leiter Unternehmenskommunikation, AEG Hausgeräte GmbH

KÖSER, HEINZ,
Prof. Dr.- Ing. Bereich Umweltschutz und
Sicherheit, Boehringer Ingelheim GmbH,
Ingelheim am Rhein

KREEB, MARTIN,
Institut für Wirtschaft und Politik, Private
Universität Witten-Herdecke

KREIKEBAUM, HARTMUT,
Prof. Dr., Dipl.-Volkswirt und Dipl.-Kfm.,
Lehrstuhl für Allg. BWL/Intern. Management,
European Business School, Oestrich-Winkel

KURZ, RUDI,
Prof. Dr., Dipl.-Volkswirt, Fachhochschule
Pforzheim

LEINWAND, PETER
Dipl. Ing., ceQ Management consulting
engineering GmbH, Ulm

LIEDTKE, CHRISTA
Dr., Projektleiterin, Abteilung Stoffströme &
Strukturwandel, Wuppertal Institut für Klima,
Umwelt, Energie GmbH, Wuppertal

LÖRCHER, MICHAEL
Dipl.-Phys., Geschäftsführer, Akku Umwelt-
beratung, München

LÜHR, HANS-PETER,
Prof. Dr.-Ing., Institutsleiter und Geschäfts-
führer, Institut für wassergefährdende Stoffe,
Technische Universität Berlin

LUTZ, ULRICH,
Dr. Ing., Trischler und Partner GmbH,
Darmstadt

MARTIN, BERND,
Dipl.-Ing., Umweltbeauftrager AUDI AG,
Werk Neckarsulm

MATTEN, DIRK,
Dipl.-Kfm., Lehrstuhl für Produktionswirt-
schaft und Umweltökonomie, Heinrich-Heine-
Uni-versität, Düsseldorf

MICHENFELDER, KLAUS
Dipl.-agr. Biol., Projektleiter TÜV Energie u.
Umwelt GmbH, Filderstadt

MÜHLICH, MICHAEL,
Dipl.-Biologe, Ressort Krankenhausökologie,
Institut für Umweltmedizin und Krankenhaushygiene, Klinikum der Albert-Ludwigs-Universität, Freiburg

MÜLLER, WILLY,
Dipl.- Physiker, Ressort Krankenhausökologie,
Institut für Umweltmedizin und Krankenhaushygiene, Klinikum der Albert-Ludwigs-Universität, Freiburg

NEFF, KARL,
General Manager, alltec GmbH, Waldenbuch

NEHLS-SAHABANDU, MARTINA,
Dr. rer. nat., Dipl.-Biol.,
Regionalbüro future e.V., Bochum

NOBEL, WILLFRIED,
Prof. Dr. sc. agr., Aufbaustudiengang
Umweltschutz, Fachhochschule Nürtingen

ORBACH, THOMAS,
Dipl.-Kfm. Abteilung Stoffströme & Struktur-
wandel, Wuppertal Institut für Klima, Umwelt,
Energie GmbH, Wuppertal

PRAETZLER, ANDREW,
Euro-TÜV S.P.R.L., Bruxelles

PREHN, NICO J. M.,
Dipl.- Geologe, von der IHK Kassel ö. b. u. v.
S. für Altlasten Erkundung und Bewertung,
Geo Service, Kassel

RADOGLOU, GEORGIOS,
Dipl.-Ing., Berater im Bereich Umweltvorsorge, Gerling Consulting Gruppe GmbH, Köln.

RAUBERGER, RAINER,
Lic. Oec., Msc. Env. Techn., Umweltberater,
Institut für Management und Umwelt, Augs-
burg

REHRL, GERHARD,
Dipl.-Ing., TÜV-Unternehmensberatungs
GmbH, Mannheim

REUTER, JOSEF,
Dr., Stockhausen GmbH & Co.KG, Krefeld

RIXEN, HELGE,
Umweltmanagement Metro AG, Köln

ROTH, KARLHEINZ,
Dr. rer. nat., TÜV Energie und Systemtechnik
GmbH Baden-Würtemberg, Filderstadt

SANDNER, ALFRED,
Dipl.-Ing., Hoechst AG, Werk Gendorf,
Burgkirchen

SCHMIDT, KAREN,
Dipl. Chem., Leiterin des Umweltressorts der
Steilmann Gruppe, Klaus Steilmann GmbH &
Co. KG, Bochum-Wattenscheid

SCHMIDT, ROGER
Dipl. Phys., Beauftragter für Öko-Audit
und Energie im Umweltressort der Steilmann-
Gruppe, Klaus Steilmann GmbH & Co.KG,
Bochum-Wattenscheid

SCHMITZ, STEPHAN J.,
Dipl. Kfm., Hessische Landesbank, Luxem-
burg

SCHREINER, MANFRED,
Prof., Fachhochschule Fulda, FB-Wirtschaft,
Fulda

SCHÜTTPELZ, GERWIN U.,
Geschäftsführer cph Chemie, Essen

SENDLER, HORST,
Prof. Dr., Präsident des Bundesverwaltungsgerichts a. D., Berlin

SPILLER, ACHIM,
Dr., Dipl.-Ökon., Wissenschaftlicher Mitar-
beiter, Lehrstuhl für Marketing, Universität
Duisburg

STAHLMANN, VOLKER,
Prof. Dr., Lehrstuhl für Betriebs-
wirtschaftslehre, Fachhochschule Nürnberg

STEILMANN, CORNELIA,
Int. Dipl. Betr.-Wirtin, Geschäftsführerin des
Klaus Steilmann Instituts für Innovation und
Umwelt (KSI), Bochum-Wattenscheid

STEINHILPER, ROLF,
Dr.-Ing., Abteilungsleiter Unternehmensent-
wicklung, Fraunhofer-Institut für Produktions-
technik und Automatisierung IPA, Stuttgart

STÖLZLE, WOLFGANG
Dr. rer. pol. Dipl.-Kfm., Akademischer Rat,
Inst. für BWL, TH Darmstadt

Folgelieferung Januar '99

TAMMLER, ULRICH,
Dipl.-Ing., IWF Bereich Qualitätswissenschaft,
TU Berlin

VALET, PETER-MICHAEL,
Dr., Leitender Ministerialrat, Ministerium für
Umwelt und Verkehr Baden-Württemberg,
Stuttgart

WAGNER, BERND,
apl. Prof. Dr. rer. pol., Kontaktstudium
Management, Universität Augsburg

WEISS, SILVIA,
Dipl.-Ing. Landesgirokasse, Stuttgart

WELZBACHER, ULRICH,
Dr. rer. nat., Dipl.-Chem., Berufsgenossen-
schaftliche Zentrale für Sicherheit und Gesundheit BGZ, St. Augustin

WIELAND, ANDREA
Dipl.-Ing., Leiterin Geschäftsbereich Umweltmanagement, ALSTOM Environmental Consult GmbH, Stuttgart

WILLIG, MATTHIAS
Dip.-Ing., Umweltgutachter,Geschäftsführer,
INTEA GmbH, Kerpen

WUTTKE, JOACHIM
Dr. rer. nat., Fachgebietsleiter, Umweltbundesamt, Berlin

WYSS, FRANZ PHILIPPE,
General Manager Konzernentwicklung, SWISS-
AIR UK, Zürich

ZICKGRAF, STEFAN,
Euro-TÜV S.P.R.L., Bruxelles

ZÜRN, JÖRG,
Dr., Daimler Benz AG, Abt. Produktion und
Umwelt, Ulm

....

An diesem Werk waren ferner beteiligt:
HECHT, GERNOT, Dipl.-Inform., Stuttgart
HEYDKAMP, PETER, Dr., Sindelfingen
HOHLER, BERND, Dr., Stuttgart
RIESE, BIRGITT, Dipl.-Biol., Düsseldorf
SCHIANETZ, KARIN, Dipl.-Ing., Schleitdorf
SCHMITT-HÄUPL, UTE, Dipl.-Ing., Waghäusl

....

Sektion 02, Strategisches Umweltmanagement

02.01   **Umweltschutz und Unternehmensziele**
von RUDI KURZ UND ACHIM SPILLER
(Stand: März '95)

02.02   **Organisation und Personal**
Teil 1: Rolle der Geschäftsführung
von MICHAEL JACOBI
(Stand: März '95)
Teil 2: Organisation
von HEINZ W. ADAMS
(Stand: April '96)
Teil 3: Personalplanung
von HARTMUT KREIKEBAUM
(Stand: September '95)
Teil 4: Personalqualifikation und Schulung
von MATTHIAS WILLIG
(Stand: Januar '99)

02.03   **Umwelthaftung**
Teil 1: Gesetzliche Grundlagen
von CARL AUGUST FREIHERR VON GABLENZ
(Stand: März '95)
Teil 2: Versicherungsschutz
von PETER P. GEPPERT
(Stand: Dezember '95)

02.04   **Umweltorientierte Planungsinstrumente**
von HENRIK JANZEN und DIRK MATTEN
(Stand: März '95)

Folgelieferung   Januar '99

02.05 **Umweltschutz und Qualitätsmanagement**
von RENATE EGGERT
(Stand: August '96)

02.06 **Kommunikative Unternehmensführung**
Teil 1: Intern
von STEPHAN J. SCHMITZ
(Stand: März '95)
Teil 2: Extern
von MARCUS BLOSER UND FRANK CLAUS
(Stand: Januar '99)

02.07 **Rechtliche Verantwortung**
von Führungskräften
Teil 1: Strafrechtliche Verantwortung
von KLAUS E. BÖHM
(Stand: April '96)
Teil 2: Zivilrechtliche Verantwortung
von BERNHARD HILLAND
(Stand: April '96)

02.11 **Total Productive Maintenance**
von MEHDI AL-RADHI, DETLEF BUTTERBRODT
und ULRICH TAMMLER
(Stand: Dezember '96)

Organisation und Personal
Teil 4: Personalqualifikation und -schulung

Im betrieblichen Umweltschutz haben die Mitarbeiter eine zentrale und wichtige Bedeutung. Ihre Fähigkeiten und Qualifikationen entscheiden letztendlich, ob Umweltschutzmaßnahmen effektiv sind und wie mit Umweltauswirkung und Betriebsunregelmäßigkeiten im Unternehmen umgegangen wird. Staatsanwaltschaftliche Folgen, Organisationsverschulden bis hin zur Betriebsstillegung können die Auswirkungen fehlender Mitarbeiterschulungen sein. Eine rechtzeitige Investition in die Qualifizierung wird sich aus Gründen der Umweltsensibilisierung, der Rechtssicherheit und des ungestörten Betriebsablaufes auf jeden Fall rechnen.

Stichworte: Ökonomisch-ökologischer Strukturwandel; Kreative Projektteams; Umweltsensibilisierung; Umweltqualifizierung; Umweltbildung; softfacts; hardfacts; Visions- und Innovationsmanagement; Schlüsselqualifikationen; Umweltbezogene Handlungskompetenz; Teambildung, Auditorenteams; Intuition; Emotionale Begeisterung; HAKARO-Umweltbildungsmethode; Vorteile der Teambildung; Umweltblockaden im Betrieb; Coaching; Motivation;

MATTHIAS WILLIG

Die Rolle des Mitarbeiters für den Strukturwandel in Unternehmen

Deutschland ist seit etwa 1990 dabei, sich aus den bisher so erfolgreichen »Wirtschaftswunder-Zeiten« zu verabschieden, ohne wirklich innovative Alternativen zu bieten, die im internationalen Wettbewerb Vorteile versprechen würden. Zweifellos ist gesellschaftlicher Umbau mehr als nötig: die Zukunft unserer Wirtschaft und

In diesem Beitrag erfahren Sie:
- warum die Qualifizierung der Mitarbeiter eine strategische Größe für den Unternehmenserfolg ist,
- welche Bedeutung Qualifizierungsmaßnahmen im betrieblichen Umweltmanagement haben,
- wie Sie Qualifizierungsmaßnahmen planen und gestalten,
- welche Methoden sich für den betrieblichen Einsatz eignen.

Gesellschaft ist mit den bisher erfolgreichen Spielregeln, Methoden und Verhaltensweisen der Vergangenheit nicht mehr zu gestalten [1]. Nach fast 40 Jahren permanenten Aufschwungs und Wirtschaftswunder läßt sich diese Erfolgsgeschichte nicht mehr fortsetzen.

Die Schnelligkeit der Produktveränderung bei Computern (Halbwertszeit etwa 6 Monate) zum Beispiel, läßt die Sieger von gestern als die Verlierer von heute erscheinen. Die Konzentrierungsprozesse zu Konzerngesellschaften läßt deren Handlungs- und Anpassungsmöglichkeit schwinden.

Wir brauchen dringender denn je Managementsysteme, die als transparenzfördernde »early warning systeme« (Frühwarnsysteme) wie ein Radar vor drohenden Veränderungsrisiken warnen.

Unser Problem: Angst vor Veränderung, mobbing, lean management und business reengineering haben dazu beigetragen, Mitarbeiter und Führungskräfte zu verunsichern. Umbruch und Veränderung sind darüber hinaus sozialverträglich, umweltverträglich und vor allem wirtschaftlich zu sichern. Kein leichtes Unterfangen.

Neue Koalitionen, Mut zum riskanten Wandel, innovative und kreative, nutzenorientierte Produkte und Dienstleistungen sind gefragt. Dabei gilt allerdings auch der Spruch Worpsweder Künstler zu beachten, die einmal formulierten: »Für die Ersten den Tod, für die Nächsten die Not und für die Dritten das Brot«. Man muß also sein Risiko streuen, darf nicht nur alleine auf Innovation setzen, muß Entwicklungsprojekte und cashcows gleichermaßen pflegen. Im Zuge der Neubewertung von Strategien, Maßnahmen und Verhaltensweisen bedarf es gerade auch der Kreativpotentiale und Identifikation von Mitarbeitern, um zukünftig Erfolg zu haben.

Der Strukturwandel bedeutet »Chaosmanagement« und setzt mutige und risikobereite Mitarbeiter voraus, die unternehme-

Verantwortung
In Deutschland in den 90er Jahren:
Ausgleich Ost-West-Gefälle, globaler Umweltschutz,
Mit-Verantwortung für Dritte Welt: Know-How-
Technologie- und Geldtransfer

Selbstverwirklichung
In Deutschland in den 80er Jahren:
Sinn des Lebens- Individuelle Freiheit, Esoterik,
gesunde Lebensweise

Anerkennung
In Deutschland in den 70er Jahren:
Status und Image - Haus, Auto, Luxus, Anerkennung in Beruf und Gesellschaft

mitmenschliche Zuwendung
In Deutschland in den 60er Jahren:
Soziale Bedürfnisse - Geselligkeit, Reisewelle

Sicherheitsbedürfnisse
In Deutschland in den 50er Jahren:
Politische Sicherheit - Schutz vor Ostblock,
Kündigungsschutz, Alters- und Krankenversicherung

menschliche Grundbedürfnisse
in Deutschland nach dem zweiten Weltkrieg:
Essen, Schlafen, Gesundheit, Partnerschaft

Abb. 1: *Bedürfnisse und Wertewandel am Beispiel von Deutschland*

Das Ende des Wachstums

»…Spätere Generationen werden wahrscheinlich die Köpfe darüber schütteln, wie lange wir zu der simplen Einsicht gebraucht haben, daß auf einem endlichen Erdball mit endlichen Ressourcen die Zahl der Menschen, die Verbrauchsziffern für Rohstoffe, Energie oder Wasser nicht beliebig ansteigen können. Sie werden die Köpfe darüber schütteln, wie wir glaubten, ungestraft in Kreisläufe und Gesetzlichkeiten eingreifen zu können. Sie werden Manches als windschiefe Ideologie erkennen, was sich heute als realitätsbewußter Pragmatismus gibt…«

ERHARD EPPLER (SPD), 1972

---

risch denken und handeln. Qualifikation und Motivation, Kommunikation und Arbeiten in Projektteams, das sind die Werkzeuge einer wettbewerbs- und überlebensfähigen Wirtschaft sowie Gesellschaft.

In Abwandlung der von Maslow entwickelten Bedürfnispyramide für das Verhalten von Menschen, dürfte das Verhalten von Menschen der Industrienationen – in Abbildung 1 am Beispiel Deutschlands dargestellt – auch auf die weltweite Entwicklung in den Schwellenländern Einfluß haben. Es ist eine exponentielle Entwicklung vorgezeichnet, die globale und lokale Folgen auf Wirtschaft und Gesellschaft haben wird. Je weniger dabei die Industrienationen bereit sind, ihren Preis für Wohlstand zu zahlen, desto konfliktreicher werden die Anpassungs- und Veränderungsprozesse ablaufen. Das Zitat von Erhard Eppler, SPD, von 1972 zeigt dabei, daß diese Erkenntnisse nicht neu sind, wohl aber in ihrer Dramatik zugenommen haben.

Erfordernisse für den Strukturwandel

Alle diese strategischen Erfordernisse haben Einfluß auf die Mitarbeiter eines Unternehmens:

–   Qualifizierung (Lebenslange Lernbereitschaft),
–   Strategisches Denken und Handeln nach dem Motto: »Sowohl als auch« statt »entweder – oder«,
–   Faktisches Wissen (Wissensmanagement),
–   Emotionale und intuitive Sensibilität (Persönlichkeit),
–   Kommunikation im echten Dialog
–   Projektteams für interdisziplinäre, komplexe Arbeiten (Schlüsselqualifikationen),
–   Motivation und unternehmerisches Handeln (Antrieb),
–   Mut zu innovativen Veränderungen (Bereitschaft),
–   Gelassenheit bei zwangsläufig auftretenden Fehlern

- fehlerverzeihliche Unternehmenskultur,
- Budget und Zeit zur Realisierung.

Der Stellenwert des Umweltschutzes

Der Stellenwert des Umweltschutzes – zur »Hochzeit« Mitte der 80er Jahre mit über 96 Prozent der gesellschaftsrelevanten und veröffentlichten Meinung klar an erster Stelle liegend – ist inzwischen nachrangig auf Platz fünf in der öffentlichen Meinung zurückgefallen. Heute also Standortdiskussion statt Umweltschutz? Es wäre fahrlässig und töricht, sich solcher Meinung anzuschließen. Zweifellos sind die Schadstoff-Emissionen seit den 70er und 80er Jahren zurückgegangen, die unser Wasser übermäßig belasteten, die uns über Luftschadstoffe Asthma und Allergien brachten. Durch milliardenschwere Investitionen in nachsorgende Umwelttechnik haben wir diese Probleme weitestgehend in den Griff bekommen.

Unternehmen sind gefordert, ihren Strukturwandel nicht gegen Umweltschutz, sondern mit Umweltmanagement zu gestalten und zu gewinnen [2]. Hierzu gibt es neue Normen wie die ISO 14000, die Ökoauditverordnung (EMAS 1836/93), die dazu beitragen, den Unternehmenswandel effizient und zukunftsorientiert zu realisieren. Rund 2.146 Pionier-Unternehmen (davon 75 Prozent aus Deutschland) haben sich bis August 1998 in Europa auf den schwierigen, aber erfolgreichen Weg gemacht und wurden inzwischen nach EMAS 1836/93 (Öko-audit-Verordnung) validiert bzw. 3.675 europäische Unternehmen (davon 24,5 Prozent aus Deutschland) waren August 1998 nach ISO 14001 zertifiziert.

Neue Chancen durch Umweltmanagement-Systeme

Die EMAS ist als Umweltmanagementsystem in der Lage, betriebliche Schwachstellen über eine definierte Zeitachse nach ABC-Prioritäten abzuarbeiten und als Instrument der Unternehmens- und Personalentwicklung die Zukunfts- und Wettbewerbsfähigkeit des Unternehmens zu erhalten. Die erfolgreiche Möglichkeit des Einsatzes der EMAS als unternehmerischem Handwerkszeug muß sich in der Praxis allerdings erst noch etablieren. Innovative Unternehmen arbeiten damit bereits sehr erfolgreich. Die DIN EN ISO 14001 als »Öko-Audit-light« ist etwas einfacher in der Umsetzung als die EMAS 1836/93, kann aber als Einstieg in das Umweltmanagementsystem auch gute Dienste leisten. Ein Haken ist damit allerdings verbunden: der Strukturwandel ist nicht umsonst zu haben und benötigt vor allem die Bereitschaft der Mitarbeiter. Man kann das System nicht per Knopfdruck verordnen und hoffen, das es dann läuft – das hatte schon bei ISO 9000 nicht funktioniert!

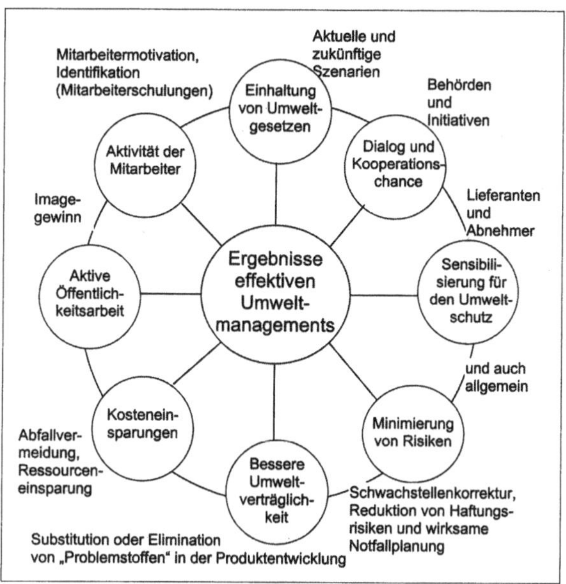

Abb. 2: *Chancen durch Qualifizierungen im Umweltmanagement*

Die Mitarbeiter müssen von Anfang an eingebunden sein und es muß ihnen der Nutzen fürs Unternehmen und sie selbst vermittelt werden. Sie sind ja auch ein Teil des »kontinuierlichen Verbesserungsprozesses«. Damit Mitarbeiter optimal und unternehmensbezogen effektiv sein können, ist ein innerbetriebliches Umwelt-Qualifizierungsprogramm erforderlich, wie es exemplarischen von erfolgreichen Unternehmen in die Praxis umgesetzt und dokumentiert wurde [3].

Die Mitarbeiter werden dabei in den Kommunikationsprozeß intern und extern eingebunden und können dem Unternehmen helfen, wettbewerbsfähig zu bleiben und sich selbst helfen, einen zukunftsorientierten Arbeitsplatz zu sichern. Unternehmen, die glaubten, per lean management zu gewinnen, werden schmerzlich erfahren, daß ihre Zukunft im Kreativitätspotential ihrer Mitarbeiter liegt – die sie leider nicht mehr haben! Aus »softfacts« – weichen Unternehmensfaktoren – wie Identifikations-, Motivations-, Kreativitäts-, Sicherheits, Qualitäts-, und Verantwortungsverlust, werden schnell »hardfacts« – harte Unternehmensfaktoren – wie Ertrags-, Wettbewerbs-, Kunden-, Akzeptanzverlust und gesellschaftliche Ausgrenzung von Produkten, Unternehmen, Produktionen und Dienstleistungen. Nicht zuletzt folgt daraus bei Eskalation von »Themen von öffentlichem Interesse

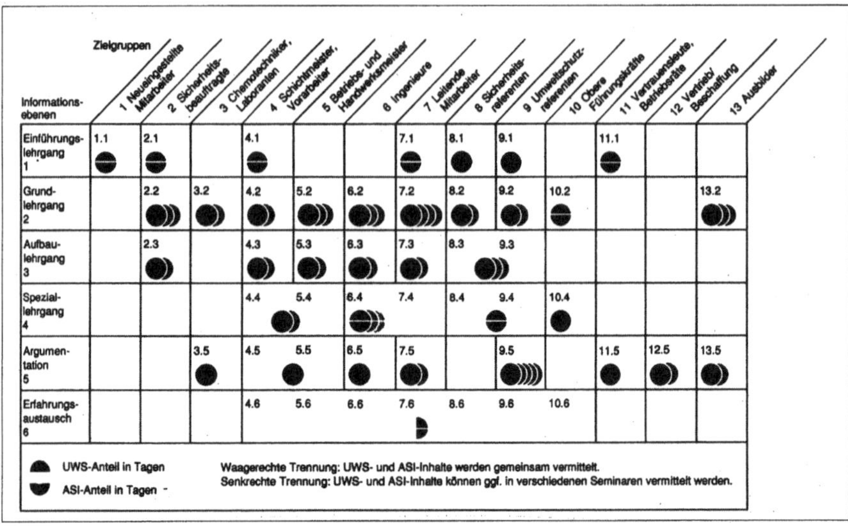

Informations-ebenen	1 Neueingestellte Mitarbeiter	2 Sicherheits-beauftragte	3 Chemotechniker, Laboranten	4 Schichtmeister, Vorarbeiter	5 Betriebs- und Handwerksmeister	6 Ingenieure	7 Leitende Mitarbeiter	8 Sicherheits-referenten	9 Umweltschutz-referenten	10 Obere Führungskräfte	11 Vertrauensleute, Betriebsräte	12 Vertrieb/ Beschaffung	13 Ausbilder
Einführungs-lehrgang 1	1.1	2.1		4.1			7.1	8.1	9.1		11.1		
Grund-lehrgang 2		2.2	3.2	4.2	5.2	6.2	7.2	8.2	9.2	10.2			13.2
Aufbau-lehrgang 3		2.3		4.3	5.3	6.3	7.3	8.3	9.3				
Spezial-lehrgang 4				4.4	5.4	6.4	7.4	8.4	9.4	10.4			
Argumen-tation 5			3.5	4.5	5.5	6.5	7.5		9.5		11.5	12.5	13.5
Erfahrungs-austausch 6				4.6	5.6	6.6	7.6	8.6	9.6	10.6			

Abb. 3: *Modular und zielgruppenspezifisch aufgebautes Fortbildungsprogramm Umweltschutz und Arbeitssicherheit*

mit hohem Konfliktpotential« die Verschärfung gesetzlicher Rahmenbedingungen und vieles mehr. Dann ist man schnell bei der »Standortfrage« angelangt...

So verstanden, ist Umweltmanagement zukunftsorientierte Organisations- und Personalentwicklung – und keine Frage von »Teilnahme oder nicht?« Mit solchen Unternehmen ist der Strukturwandel auch am Standort Deutschland erfolgreich zu bestehen. Dann ist die große Aufgabe unserer Zeit: soziale Aspekte mit ökonomischen und ökologischen Anforderungen gemeinsam zu koppeln, auch erfolgreich zu leisten. Wo sind die anderen »Leuchttum-Unternehmen«, die den Weg weisen?

Die Qualifizierung der Mitarbeiter wird dabei in Zukunft die strategische Größe sein, die es als Wettbewerbsvorteil zu nutzen gilt. Nicht nur in Deutschland sondern auch im globalen Wettbewerb. Wir haben keine Rohstoffe, billige Energien und natürliche Standortvorteile. Wir haben allerdings noch eine hervorragende Infrastuktur sowie Kreativpotentiale in Deutschland. Dieses Kapital sollten wir nutzen, im Interesse von Wirtschaft und Gesellschaft. Deshalb kann es nicht heißen: »Standort contra Umwelt« sondern »Standortsicherung mit umweltrelevanten Technologien und Managementsystemen durch motivierte und kreative Mitarbeiter«. Halten wir Anschluß an den globalen

Wettbewerb oder haben wir unsere Zukunft bereits hinter uns? Eine Frage, die sich in den nächsten Jahren entscheiden wird.

Umweltqualifizierung und Umweltbildung

Während die allgemeinen Umweltbildungs-Angebote von Schule und Hochschule, von Naturschutz- und Umweltgruppen oder sonstigen Anbietern mehr den Menschen und seine Einflüsse auf die Umwelt im Mittelpunkt haben, spricht man von Umweltqualifizierungen dann, wenn umweltrelevante Aus-, Weiter- und Fortbildung im betrieblichen Geschehen einen »Nutzen« leisten soll.

Ziele der Umweltbildung

Ziele der Weiterbildung im Umweltbereich sind unter anderem:

- Vermittlung von Fähigkeiten und Fertigkeiten zur Erfüllung der umwelterweiterten Aufgaben (Qualifikationsvermittlung für gewandelte Anforderungen).

Informationsquellen für die betriebliche Umweltqualifizierung

- Als Orientierungspunkte für Umweltqualifizierungen sind zum Beispiel die Enquete-Kommissionen des Deutschen Bundestages zu sehen: »Zukünftige Bildungspolitik – Bildung 2000«, »Schutz des Menschen und der Umwelt«, »Vorsorge zum Schutz der Erdatmosphäre« und viele Aktivitäten mehr.
- Eine aktuelle Übersicht zu Umweltbildung/Umweltqualifizierung kann man auch im Internet abrufen. Dort findet man bei der Suchmaschine Alta Vista beispielsweise 3635 links zu »Umweltbildung«.
- Eine fachbezogene Informationsquelle ist die *Zeitschrift für berufliche Umweltbildung* (ZBU), herausgegeben von der Gesellschaft für berufliche Umweltbildung, Markgrafendamm 16-20, 10245 Berlin.
- Von Interesse dürfte auch die vom *Bundesinstitut für Berufliche Bildung* (BiBB) bei Bertelsmann herausgegebene Schriftenreihe: »Informationen und Materialien aus Modellversuchen zum Umweltschutz in der beruflichen Bildung« sein. Hier sind 60 Hefte mit Praxisbeispielen erschienen, die sich zwischen 1987 bis 1996 mit 17 Wirtschafts-Modellversuchen beschäftigten (Förderschwerpunkt: Umweltschutz in der beruflichen Bildung).
- Auch die Deutsche Bundesstiftung Umwelt, Osnabrück oder andere Stiftungen haben sich des Themas Umweltbildung/Umweltqualifizierung angenommen.
- Das Bildungswerk des DGB, Düsseldorf bietet neben dem VDI-Projekt »Oikos« ebenfalls praktische Orientierungshilfen zur Umsetzung von Umweltbildungsmaßnahmen im Zusammenhang mit der EMAS 1836/93.
- Die umweltorientierten Wirtschaftsverbände BAUM, Hamburg und future e. V., München haben zum Thema Umweltbildung gemeinsam mit angeschlossenen Unternehmen Praxisbeispiele erarbeitet.

- Verbesserung der Motivation, Vergrößerung des Innovationspotentials, Identifikation.
- Organisationserfordernisse (z. B. Flexibilität).
- Beeinflussung der Handlungsweise der Mitarbeiter am Arbeitsplatz unter Umweltgesichtspunkten).
- Verhinderung von Fehlleistungen am Arbeitsplatz.

Die betriebliche Weiterbildung im Umweltschutz ist eine Grundvoraussetzung für den präventiven Umweltschutz, da hier der Mensch mit seinem Wissen und Verhalten im Vordergrund steht. Die Hauptziele der Umweltschutz-Weiterbildung bestehen für GROTHE-SENF [10] darin,

- die Sensibilität für die Umwelt zu fördern,
- zum vernetzten Denken anzuregen,
- das Verantwortungsempfinden zu erhöhen,
- die Handlungskompetenz, die sich aus Fach- und Gestaltungskompetenz zusammensetzt, zu stärken und
- über die Umweltschutzaktivitäten des Unternehmens zu informieren.

Thesenblatt zur betrieblichen Umweltbildung

- Umweltbewußtsein setzt sich zusammen aus:
- Umweltwissen,
- Umwelteinstellung,
- umweltbewußtem Handeln
- Die Medien konfrontieren die Bevölkerung jeden Tag mit Horrormeldungen über Umweltkatastrophen, die dem einzelnen vermitteln, es liege nicht in seiner Macht, dagegen anzugehen. Dieses Gefühl der Ohnmacht kann verhindert werden, indem den Auszubildenden ihr eigener Handlungsspielraum und ihre Einflußmöglichkeiten im Betrieb hinsichtlich des Umwelthandelns aufgetan werden.
- In der betrieblichen Umweltbildung muß von einem ganzheitlichen Bildungsbegriff ausgegangen werden. Ziel der beruflichen Umweltbildung ist die Förderung des Umweltbewußtseins im Hinblick auf verantwortungsvolles Handeln im beruflichen und privaten Bereich.
- Betriebliche Berufsausbildung besitzt identitätsbildende Funktion. Umweltbildung soll in das Erwerben von Kenntnissen und Fertigkeiten eingebunden sein und zu den betrieblichen Ansprüchen zählen.
- Bei der Umweltbildung sollen betriebliche Problemstellungen den inhaltlichen Schwerpunkt bilden.
- Handlungskompetenz: »Nur wer überzeugt ist, in einer gegebenen Situation durch sein Handeln etwas zu bewirken, und wer fähig ist, entsprechend aktiv zu werden, wird schließlich auch tatsächlich handeln.«
- Methoden für den Aufbau von Umweltbewußtsein sind u.a.: Exkusionen, Rollenspiele, Projektarbeit, Videofilme.

Die Sinnfrage

Inhalt der Betriebspädagogik sind Qualifikation und Bildung. Bei der Entwicklung von Meinungen und Willensorientierung geht es um Lernprozesse beim Mitarbeiter, wobei dieser Lernprozeß initiiert wird durch einen Lehrprozeß. Dabei kann es bei diesem Lehr-Lern-Prozeß aber nicht nur um die technische Frage seiner »Optimierung« gehen. Es müssen auch grundlegende Fragen, etwa nach dem Zweck (gut/schlecht), der ethischen Grundlagen, etc. beantwortet werden. GEIßLER [11] beantwortet die Frage – was denn letztlich der Sinn der Bildung ist, so:

»Kann oder will man diese Frage nicht beantworten, muß man sich mit dem Notbehelf bescheiden, daß betriebliche Bildung nicht mehr sein kann als ein Mittel, bestimmte *Qualifikationen* zu produzieren, die die Organisation zur Erfüllung ihrer gestellten Aufgaben und zur Erreichung bestimmter Entwicklungsziele benötigt, die aber unklar lassen,

- ob die Organisationsmitglieder einen persönlichen Sinn in den ihnen gestellten Aufgaben sehen

- und ob es gute Gründe gibt für diejenigen Entwicklungsziele, die die Organisation verfolgt.

Beschränkt man sich nur auf den Bereich von Qualifikationen, bleibt also unklar, ob die Aufgaben oder Ziele eher dem Gemeinwohl und in diesem Rahmen dem einzelnen dienen oder ob sich hinter ihnen ideologisch verschleiert bestimmte egoistische Einzelinteressen verstecken, deren Durchsetzung den anderen ggf. schadet.

Mit diesen Fragen setzt sich *Bildung* auseinander. Bildung möchte ich definieren als die Fähigkeit des Einzelnen und schließlich auch der gesamten Organisation, den eigenen Qualifikationsprozeß zu steuern, und zwar mit Bezug auf ethische Kriterien. Hier schweben mir vor allem drei Kriterien vor, nämlich

- die Verantwortung für die Schöpfung,
- das Engagement für einen gerechten Ausgleich der in der Regel verschiedenartigen Interessen in der Gesellschaft und innerhalb von Organisationen
- und die freie Persönlichkeitsentfaltung jedes Einzelnen«.

Qualifikation und Kompetenz

Die Begriffe Qualifikation und Kompetenz werden oft synonym verwendet. Im Rahmen der Personalentwicklung sollte man differenzieren:
Qualifikation: die an den Mitarbeiter gestellte Anforderung (Leistungsnachfrage der Unternehmen).
Kompetenz: das Leistungsangebot des einzelnen Mitarbeiters (Fähikkeit der Aufgabenerledigung).

Umweltbezogene Handlungskompetenz

Eine umweltbezogene Handlungskompetenz im Beruf setzt die Realisierung entsprechender Bildungskonzepte auf allen Ebenen der Berufsbildung, ob Erstausbildung oder Weiterbildung, voraus. Die berufliche Umweltbildung mit dem Bildungsziel »umweltbewußt Handeln« erhält damit eine Schlüsselfunktion für die ökonomisch-ökologische Zukunftsgestaltung.

»Zur Sensibilisierung der betrieblichen Akteure für Grenzen und Chancen des Umweltschutzes in der Industrie, der allein technisch nicht bewältigt werden kann, wird eine umfassende *Umweltschutzqualifikation* der Beschäftigten notwendig. *Umwelttechnisches Fachwissen* allein reicht nicht aus. Eine Steigerung des *Umweltbewußtseins*, der *Umweltschutzmotivation* und der *Handlungskompetenz* der Beschäftigten (..) sind erforderlich. Erst ein Zusammenwirken dieser vier Komponenten verspricht einen verbesserten, personengetragenen Umweltschutz im Unternehmen« [13].

Ein solcher personengetragener Umweltgedanke im Betrieb

- bietet dem Mitarbeiter eine erhöhte Identifikationsmöglichkeit,
- nutzt das Motivationspotential beim Mitarbeiter,
- ermöglicht mehr Partizipation in Entscheidungsprozessen,
- gibt die Chance zu einem Feedback,
- erhöht die inhaltliche Wertigkeit der Arbeit,
- ermöglicht selbständiges und eigenverantwortliches Handeln.

Für die berufliche Bildung ergibt sich aufgrund der vorgegebenen Zielsetzung die Notwendigkeit, im Rahmen der dualen Ausbildung Lernprozesse zu organisieren, die einerseits dem Umweltschutz in fachlicher Hinsicht Rechnung tragen und andererseits der persönlichen Betroffenheit und dem eigenen Handeln der Auszubildenden genügend Raum bieten«.

Berufliche Umweltbildung muß dabei Teil einer *ganzheitlichen* Umweltbildung sein.

Schlüsselqualifikationen

Nach Meinung von MATZEL [12] erschwert die Variabilität des ökologischen Wissens die Festlegung eines konkreten Bildungsbedarfs, wodurch – zusammen mit einer höheren Komplexität bei der Aufgabenerfüllung – neben den unmittelbaren ökologischen Fähigkeiten mittelbar die Bedeutung der sogenannten Schlüsselqualifikationen zunimmt. Die genannten Qualifikationen dienen als Potentiale für die Erfüllung zukünftiger umweltschutzbedingter Anforderungen:

- Fähigkeit, komplexe Probleme zu strukturieren,
- Kreativität,

- Kritikfähigkeit und -bereitschaft,
- Soziale Kompetenz,
- Kommunikationsfähigkeit,
- Lernbereitschaft,
- Einarbeitungsfähigkeit in neue Probleme.

In der Literatur werden zusätzlich zur Fachkompetenz zahlreiche »Schlüsselqualifikationen« genannt:
- die Erfolgskompetenz,
- das Wissen um den Zusammenhang von Prozessen,
- das Denken in vernetzten Zusammenhängen,
- Verantwortungsbewußtsein,
- die Bereitschaft zum Long-Life-Learning,
- von spezifischen Aufgaben unabhängige Problemlösungskompetenz,
- Fähigkeit zur Kommunikation und zur Zusammenarbeit,
- rasche Einarbeitung in neue Problemstellungen,
- eine Offenheit gegenüber ökologischen Fragestellungen.

Die Enquete-Kommission des 11. Deutschen Bundestages »Zukünftige Bildungspolitik – Bildung 2000« beschreibt dies im Schlußbericht als »psychische Verarbeitungsfähigkeit« ('an sich herankommen lassen'), als ethische Haltung (Verantwortung für die Zukunft, für die Folgen des eigenen Handelns) und als Schulung der Wahrnehmungsfähigkeit.

Vermittlung von Umweltkenntnissen

Der Mitarbeiter benötigt neben einem Umweltbewußtsein auch das entsprechende Wissen und die Fähigkeit/Fertigkeiten, umweltorientiert in der Berufstätigkeit zu handeln. Zu einem umweltgerechten Arbeitsverhalten der Mitarbeiter ist von verschiedenen Hypothesen auszugehen, etwa:
- es besteht ein ständiger Trainings- und Weiterbildungsbedarf,
- es besteht ein ständiger Kommunikationsbedarf, damit ein Ökobewußtsein, eine ökologisch geprägte Unternehmenskutur entsteht.

Zu differenzieren ist dabei in
- Qualifikationen, die von Mitarbeitern des betrieblichen Umweltschutzbereiches erwartet werden und
- Qualifikationen, die von allen Mitarbeitern eines Unternehmens erwartet werden, also
- Schulungen auf Geschäftsleiterebene
- Schulungen auf Mitarbeiterebene(Auszubildende, Meister etc.).

Da es in der ersten Phase der umweltorientierten Unternehmensführung in den 70er und 80er Jahren primär darum ging, den durch eine Welle von Umweltgesetzen ausgeübten Druck umzusetzen, stand in dieser nachsorgenden Reparaturphase der Techniker und Ingenieur im Mittelpunkt. Erst als Ende der 80er Jahre eine betriebswirtschaftliche Verlagerung zum mehr offensiven Umweltmanagement festzustellen ist, in dem der Umweltgedanke nicht mehr nur als lästiger Kostenfaktor auferlegter Umweltschutzinvestitionen gedeutet wurde, sondern als Möglichkeit zur Gewinnung von Wettbewerbsvorteilen, verlagerte sich der Trend mehr in Richtung des Marketingbereiches. Dieser wurde nun Träger der ökologischen Produktgestaltung, der Ökowerbung, der Öko-PR Arbeit, der Öko-Risikokommunikation, des Öko-Sponsoring, der Öko-Verkaufsförderung. Die Ökologie wurde zusehens vom operativen Faktor zum Strategiebestandteil (Unternehmenskultur, Leitlinien, Zielsystem, Strategien).

Wie eine Studie der Forschungsgruppe Umweltökonomie und Umweltmanagement der Universität Münster bei den Personalleitern von 150 deutschen Unternehmen (sowie 120 weiteren Institutionen) zeigte:

- werden bei drei Viertel der befragten Unternehmen Qualifikationen im Bereich Umweltökonomie und Umweltmanagement als »ziemlich bis sehr wichtig« eingestuft,
- soll ein »Umweltmanager« interdisziplinär denken und komplexe Systemzusammenhänge erkennen können,
- werden klassische Führungsqualifikationen wie Motivieren, Teamfähigkeit, Führen von Konfliktgesprächen oder

systematische Ziel- und Entscheidungsfindung erwartet,
- werden bei den fachlichen Anforderungen Planungs- und Instrumentenwissen (z.B. im Bereich des Öko-Controlling), Wissen über Haftungs- und Versicherungsfragen erwartet.

Der Schulung betrieblicher Führungskräfte kommt entscheidende Bedeutung zu, da

- zum einen ohne die sichtbare Unterstützung von seiten der Geschäftsleitung Umweltmaßnahmen ins Leere greifen,
- zum anderen die Geschäftsleitung »Träger« betrieblicher Investitionsentscheidungen ist.

Das Schulungsprogramm für die Geschäftsführer sollte

- Informationen über Umwelttechnolgien und Umweltmanagement (einschließlich. Risk-Management) enthalten
- ein »Train the Trainer« Modul für konkrete Umsetzungsstrategien für die Personalführung haben.

»Umweltschutz ist Chefsache« – dieser (sehr populäre) Spruch in der Umweltmanagement-Literatur darf die zentrale Rolle der Mitarbeitern nicht verdecken. Der Umweltgedanke ist in den täglichen Arbeitsablauf aller Mitarbeiter einzubeziehen.

Folgelieferung Januar '99

Folgelieferung Januar '99

Umweltbildung als Innovation

Die vom Bundesministerium für Bildung, Wissenschaft, Forschung und Technologie (BMBF) in Auftrag gegebene Studie: »Umweltbildung als Innovation« [5] kommt zu folgendem Schluß: »...Bildungsmaßnahmen konzentrieren sich vor allem auf die Betrachtung von Umweltressourcen, die Auswirkungen ihrer Übernutzung und ihre Einsparung und Schonung, die Hege und Pflege der Natur sowie auf die Behebung von Schäden. Damit standen zugleich die naturwissenschaftlichen Disziplinen und Technikwissenschaften mit technischen Problemlösungsstrategien, Minimierung von Emissionen, sparsamer Umgang mit Ressourcen im Mittelpunkt der Umweltbildung. Von diesen Maßnahmen gingen wichtige Impulse für eine »grüne Wende« im Bildungssystem aus. Vorgeschlagen wird nun, nach und neben der »grünen Wende« mit ihren vor allem wissenschaftlich-technischen Innovationen einen neuen Weg zu finden, der in der Perspektive auf eine nachhaltige, zukunftsfähige, dauerhaft umweltgerechte Entwicklung gerichtet ist. Damit würden neue Leitbilder für umweltgerechtes Wirtschaften, sozialen Ausgleich und individuelle Lebensstile in den Mittelpunkt gerückt. In der Folge dieser neuen Wertorientierungen, die auch als »kulturelle Wende« bezeichnet werden kann, würden stärker die Wechselbeziehungen zwischen Anthroposphäre und Natursphäre in den Vordergrund treten müssen. Für Bildung und Wissenschaft würde dies bedeuten, daß viel stärker als bisher die kultur-, sozial-, politik- und wirtschaftswissenschaftlichen Disziplinen gemeinsam mit natur- und technikwissenschaftlichen Fächern für die Suche nach Entwicklung von Lösungen genutzt werden sollten...«
Die Studie kommt weiter zum Schluß, daß Ganzheitlichkeit im lerntheoretischen Sinne als auch in einer organisationskulturellen Dimension gefragt sei. Dazu käme der prozeßhafte Ansatz als Basis für Umwelt-Veränderung. Weiterhin stellt die Studie fest: »...Eine durchgängige Ökologisierung der Lehrpläne, Prüfungsordnungen, insbesondere auch in der Weiterbildung des Aus- und Lehrpersonals hat ebensowenig stattgefunden wie eine Ökologisierung der Bildungseinrichtungen, der Schulen, Ausbildungsstätten und Betriebe [6]«.

Nicht zuletzt sind es die Transferprobleme, die diese negative Feststellung nahelegen. »Neue Wege entstehen beim Gehen«, so könnte man die Kernaussagen beschreiben, die als Folgerung übrigbleiben [6]:

- ■ »Was ich nicht weiß, macht mich nicht heiß« – oder nach Hellmut Becker: »Die Kompliziertheit unserer Welt ist ohne Bildung nicht zu verstehen, aber das Wissen um die Dinge macht uns immer besorgter über den Zustand der Welt«
- ■ »Denn Sie tun nicht, was sie wissen«
- ■ »Man muß das Rad der betrieblichen Umweltbildung immer wieder neu erfinden«

So wie man Gehen nur durch Gehen lernen kann, muß man wohl bestimmte Um-Lern-Erfahrungen und Umwelt-Erfahrungen selber machen.

Die betrieblichen Bremser und Blockierer

Während nach HEDTKE [7] die bildungsministeriale Bundespolitik für berufliche Umweltbildung 1997 quasi politisch tot ist – seit 1986 hat die Vergabe von Fördermitteln Höhen und Tiefen erlebt – gilt das Thema bildungspolitisch inzwischen als abgearbeitet.

Anders dagegen die unternehmensrelevanten Aktivitäten: nicht zuletzt durch ISO 14001 und die EMAS 1836/93 haben Unternehmen Umweltqualifizierungen intensiviert, um ihre Umweltmanagementsysteme »mit Leben« zu füllen. Sie machten die Feststellung, das Umweltmanagementsysteme als Querschnittsdisziplinen nur dann funktionieren, wenn sie von möglichst vielen Mitarbeitern begriffen und praxisnah umgesetzt werden. Dazu kam die Feststellung, daß gerade die Unternehmen besonders gefährdet waren, bei denen die Zertifizierung oder Validierung erfolgreich ablief und die Mitarbeiter im vermeintlich sicheren Glauben, nun alles getan zu haben, sich nicht mehr anstrengten, den kontinuierlichen Verbesserungsprozeß fortzuführen.

In diesem Zusammenhang ist es wichtig, die Blockaden des betrieblichen Umweltschutzes einmal näher zu betrachten.

Als (vermeintliche) Innovationsbarrieren für betrieblichen Umweltschutz gelten:

– Standortnachteil Deutschland,
– Kostennachteil Deutschland (Arbeits-, Nebenkosten),
– Kurzfristige Denke – langfristige Investition: rechnet sich das langfristig?
– Globaler Wettbewerbsdruck,
– Unwissenheit über Zusammenhänge und Folgerungen,
– Geringe Personaldecke (*lean management:* weniger Mitarbeiter müssen mehr arbeiten),
– Keine Zeit für Neuigkeiten,
– Liquiditätsengpaß – »kein Geld frei für Experimente«,
– Ignoranz/Selbstüberschätzung – »wir haben keine umweltrelevanten Probleme«,
– Fehleinschätzung technologischer Entwicklungen (Emissionsbehandlung statt prozeß- und produktorientierter Umweltschutz),
– »Haben wir noch nie so gemacht«,
– »Haben wir schon immer so gemacht«,
– »Das bißchen Dreck...« (fehlende Sensibilität),
– Mangelnde Ausbildung, fehlendes Bewußtsein für Umweltschutz,
– Fehlende Motivation, fehlende Vorbild-Funktion der Führungskräfte,
– Fehlende Attraktivität (Personal-Zielvereinbarung Umweltverbesserung),
– Fehlender Mut für Innovationen (Angst um Arbeitsplatzsicherheit),
– Fehlende Fehlerverzeihlichkeit der Unternehmenskultur.

Typische Fehlverhalten und Fehleinschätzungen von den Akteuren im betrieblichen Umweltschutz:

■ Die Unternehmensleitung ist nicht vom Vorteil umweltrelevanten Handelns überzeugt, sie gibt keine Anreize, ist kein Vorbild und unterdrückt gute Ansätze mit der kurzen Bemerkung: »was kostet das – was bringt das?« Umweltmanagement wird als lästiges und unerwünschtes Instrument ver-

Teil 4: Personalqualifikation

worfen. Führungskräfte sehen in aktiven Umweltschutz-Maßnahmen sogar Risiko- und Konfliktpotentiale, die für die eigene Karriere nur schädlich sein könnten...

- Mitarbeiter sind als »Ja-aber-Sager« von der Innovation nicht überzeugt und verhalten sich – wo immer möglich – nach altem Muster. Manche haben »vorauseilenden Gehorsam« im Kopf: »Der Chef könnte doch meinen, daß das nicht richtig ist.., also tun wir das nicht...«
- Blockade durch Mitarbeiter: »Was bringt mir das? Ich hab nur Scherereien damit«. Angst um den eigenen Arbeitsplatz verhindert die unbekannte Innovation, von der man nicht weiß, ob und wie sie Erfolg haben wird.
- Der Betriebsrat blockiert: »Umweltschutz ist nicht mitbestimmungspflichtig, also unterstützen wir die Ideen der Unternehmensleitung nicht und behaupten erst mal: Umweltschutz kostet Arbeitsplätze«.
- Der Hausjurist beharrt auf formalen Kriterien: »Jede Innovation kostet Rechtssicherheit. Es kommt darauf an, ob wir mit der Neuheit recht haben oder bekommen. Produkthaftung oder Umwelthaftung sind nicht geklärt, usw.«.
- Behördenvertreter: »Die Rechtslage ist zu kompliziert, wir haben keine Ausführungsbestimmungen, die technische Seite ist uns nicht bekannt, wir

haben keinen Ermessensspielraum vom Gesetzgeber dafür bekommen...«

....

Umweltbeauftragte und Umweltbetriebsprüfer

Anforderungen an betriebliche Umweltbeauftragte

Aus der Sicht des Autors spielen im betrieblichen Umweltmanagement – nicht nur nach EMAS 1836/93 oder ISO 14001 – die betrieblichen Umweltbeauftragten eine zentrale Rolle. Hier sind nicht die gesetzlich definierten Einzelbeauftragten wie Abfall-, Gewässerschutz-, Immisionsschutz- oder Störfallbeauftragte gemeint. Diese haben schwerpunktmäßig »Einbahnstraßen«-Gesetzen und Regelwerken zu genügen: Rechtliche und verfahrenstechnische Kenntnisse sind hier schwerpunktmäßig gefordert.

Die vom Autor beschriebenen »Umweltbeauftragten«, die er zwischen 1992/1995 erfolgreich in der Fresenius Akademie in Dortmund pädagogisch-didaktisch qualifizierte[8] , zeichnen sich durch weitergehende Schlüsselqualifikationen aus: Konflikt-, Kommunikations- und Teamfähigkeit, Überzeugungs- und Präsentationsfähigkeit, ganzheitliche betriebliche Sichtweise, Innovations-, Moderations- und Kooperationsbereitschaft. Diese Mitarbeiter beraten, helfen, führen und bereiten Entscheidungen vor, sie prüfen und setzen um, sie betreiben Projektmanagement und können damit weit über ihren Einsatzbereich hinaus managen. Gemeinsam mit dem im Unternehmen verantwortlichen »Umweltmanager« planen und organisieren sie, nach EMAS 1836/93 oder ISO 14001, die Geschicke des Unternehmens. Es ist unbestritten, daß Umweltmanagement zu einem KO-Kriterium eines erfolgreichen Unternehmens geworden ist, neben Arbeit, Innovation, Kapital und Markt. Ressourcen, Energie und Unternehmensorganisation haben strategische Bedeutung – und sind gleichermaßen zentrale Bestandteile der EMAS.

Interne Auditorenteams

Neben einer naturwissenschaftlich-technischen Erstausbildung gewinnen im Zusammenhang mit dem Umweltmanagementsystem auch andere Qualifizierungen an Bedeutung. Kaufmännische und betriebswirtschaftliche Fähigkeiten und Kenntnisse sind gefordert und bieten damit anderen potentiellen »Umweltbetriebsprüfern« optimale Einstiegsmöglichkeiten.

Es wird dabei sowieso auf ein internes Auditorenteam hinauslaufen, das sich interdisziplinär zusammensetzt. Je vielfältiger die Zusammensetzung, desto besser können später die unterschiedlichsten betrieblichen Interessen berücksichtigt werden. Die Erfahrung des Autors zeigt zum Beispiel, daß Vertreter aus Beschaffung, For-

schung, Produktion, Sicherheit, Marketing, Betriebsrat, Qualitätsmanagement und Entsorgung, sehr gut zu einem Team zusammengeschweißt werden können. Optimal ist es darüber hinaus, wenn Funktionen und Erfahrungen gekoppelt werden können: der Meister aus der Produktion, der etwa seit vielen Jahren im Unternehmen tätig ist und gleichzeitig als Betriebsrat arbeitet, der Marketing-Mitarbeiter, der in einer Umweltschutzgruppe engagiert ist oder der Mitarbeiter aus der Beschaffung, der auch als Sicherheitsfachkraft tätig ist. Je interdisziplinärer und komplexer, desto größer die Wahrscheinlichkeit, das Umweltmanagementsystem flächendeckend umsetzen zu können. Es hat sich als erfolgreich herausgestellt, diese Auditorenteams in einer gemeinsamen Vorlauf-Qualifizierung (»Visions- und Innovationsmanagement«) in gruppendynamischen Prozessen auf ihre spätere Aufgabe vorzubereiten.

Danach müssen die neuen Fertigkeiten als Auditor/Umweltbetriebsprüfer individuell und in der Gruppe vermittelt werden. Auch hier ergeben sich neue Konzepte, die der Autor selbst in der Praxis erprobt hat: Im Rahmen einer Umweltprüfung werden die betrieblichen Schwachstellen ermittelt, anhand der EMAS 1836/93 gemeinsam durch die Begleitung eines Coaching-Prozesses gesteuert. Dabei lernen die Auditoren und optimieren schon gleichzeitig das Unternehmen. Am Ende dieses Prozesses steht

Folgelieferung Januar '99

die Qualifizierung einer interdisziplinären Umweltbetriebsprüfergruppe, wurde ein Voraudit als Umweltprüfung bzw. Umweltbetriebsprüfung durchgeführt und die Entscheidungsbasis für das Unternehmen geschaffen, sowie die richtigen und notwendigen Schritte und Entscheidungen nach ABC-Kriterien eingeleitet. Es ist absolut nicht ungewöhnlich, bei einer Umweltprüfung oder einer innerbetrieblichen Schwachstellenanalyse etliche Straftatsbestände, Ordnungswidrigkeiten oder Organisationsverschulden zu finden. Dabei ist es selten Vorsatz der Unternehmensleitung oder der Führungskräfte, das dies so ist. Meist fehlen die Fachkunde, das Verständnis für betriebliche Abläufe, die Kenntnisse geänderter Rechtsgrundlagen oder einfach durch schnellen Personalwechsel (job-rotation, Führungskräftewechsel) bedingte Abweichungen vom Normalfall.

Es gibt sehr viele solcher relevanten und zum Teil schwerwiegenden Abweichungen, die den Verantwortlichen entweder nicht oder nur unzureichend bekannt sind. Solche Verletzungen, Umweltauswirkungen oder Betriebsunregelmäßigkeiten mit Außenwirkung haben sehr schnell staatsanwaltschaftliche Folgen und führen zumindest zu Organisationsverschulden. Fast noch schlimmer ist eine durch die ermittelnden Behörden denkbare veranlaßte tage- bis wochenlange Betriebsstillegung für die Rentabilität der Produktion einzuschätzen (BImSchG § 22, §52a). Hier wird sehr schnell deutlich, daß eine Investition in Qualifizierung sich

---

Durch interne Audits häufig in Unternehmen aufgedeckte Schwachstellen:

- fehlende Betriebsgenehmigung einer Produktionsanlage.
- fehlende Genehmigung nach Bundesimmissionschutzgesetz aufgrund der Mengenschwelle bei Gefahrstoffen (z.B. Lagerung von Heizöl, Alkoholen, Rohstoffen), Stoffen der Wassergefährdungsklassen 2 oder 3, brennbare flüssige Stoffe,
- fehlende Änderungsgenehmigung einer Produktionsanlage, die z.B. in einer als Maschinenhalle genehmigten Räumlichkeit betrieben wird,
- Bereitstellung von besonders überwachungsbedürftigen Abfällen zur Beseitigung in nicht bauartzugelassenen Behältnissen (z.B. Lösungsmittel oder Leuchtstoffröhren),
- fehlende Gefahrstoff-Kataster, fehlende Betriebsanweisungen für den Umgang mit Gefahrstoffen,
- fehlende Dokumentation der Qualifizierung von Mitarbeitern hinsichtlich Umgang mit Gefahrstoffen und entsprechenden Abfällen,
- fehlende oder falsche Labelung der Gefahrstoffbehälter,
- fehlende schriftliche Beauftragung von erforderlichen Beauftragten (Abfall- Gewässerschutz-, Immissionsschutz-, Gefahrgutbeauftragte) und Unterschrift des Bestellenden sowie des Bestellten...
- unerlaubte Grundwasserverschmutzung durch undichte Kanalisationen,
- unerlaubte Abfallbeseitigung bei der Reinigung von Batchbehältern in der Produktion durch Abwasserableitung.

---

schon aus Gründen der Umweltsensibilisierung, der Rechtssicherheit, des ungestörten Betriebsablaufes, auf alle Fälle rechnet.

....

Methoden und Anwendungsbeispiele

Umwelt-Teams und -Arbeitskreise: interdisziplinäre komplexe Zusammenarbeit

Aufgrund der weiter oben beschriebenen »chaotischen Struktur« des betrieblichen Wandels bleibt es nicht aus, sich über Abteilungs- und Bereichsgrenzen hinweg in Projektteams zu formieren, um gemeinschaftlich zu guten Ergebnissen zu kommen. Beispiele hierfür sind die Erarbeitung eines Mehrwegsystems statt Einweg-Verpackungen, die durchgängige Handhabung von Gefahrstoffen oder die Nutzung von Sicherheitsdatenblätter – vom Einkauf über Lager, Produktion und Entsorgung bis zur Vermeidung solcher Stoffe. Im Rahmen solcher Arbeitskreise ist es von Nutzen, Kreativ- und Moderationstechniken zur Ermittlung der Arbeitsfelder zu benutzen. Dabei kann auch das

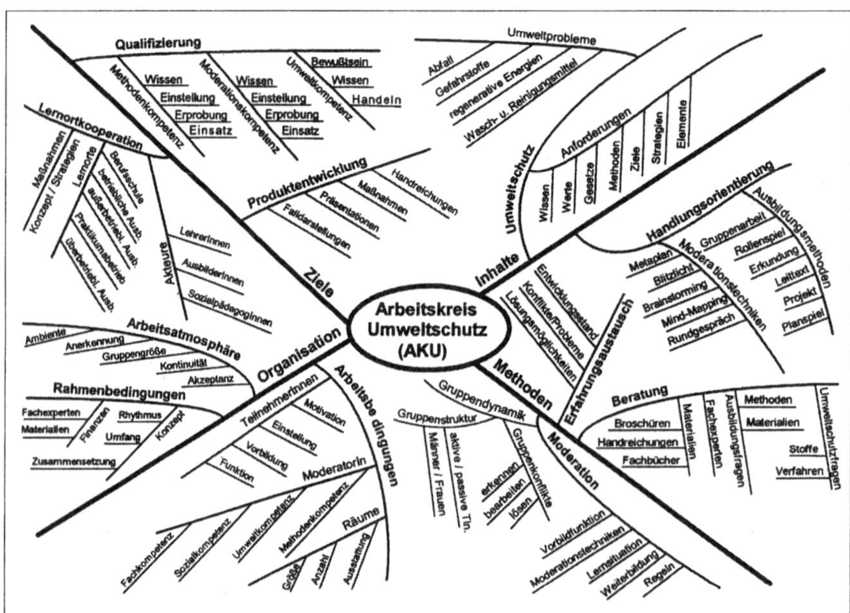

Abb. 4: *Ergebnis eines Mindmapping-Prozesses im Arbeitskreis Umweltschutz (AKU)*

Instrument des »mind mapping« eingesetzt werden, wie es beispielsweise von BERND RESCHKE [9] beschrieben wird.

Neben Moderation und Schulung (der Fakten, des Wissens und der Fertigkeiten) müssen der Umweltbeauftragte oder die Umweltbetriebsprüfer neuerdings auch beratende Funktion wahrnehmen und Prozesse begleiten, wenn Visionen und rasche Veränderungen im Unternehmen vollzogen werden müssen. Das ist zum Beispiele bei der Einführung von betrieblichen Arbeitsgruppen (interdisziplinär) bei Qualität, Umwelt, Gesundheitszirkel, Fusion, Veränderung von Aufbau – oder Ablauforganisationen der Fall.

Viele Projekte können jedoch scheitern, wenn nicht sachkundige und erfahrene Coachs dabei sind.

Projektmanagement

Das klassische professionelles Projektmanagement umfaßt unterschiedliche Ebenen:
- Organisationsebene (Strukturfähigkeit),
- Teamebene (Schlüsselqualifikation),
- Personalebene (Menschenkenntnis).

Ein Prozeßbegleiter muß folgende Kenntnisse und Fähigkeiten mitbringen:
- Kenntnisse der Branche,
- des Unternehmens,
- der Struktur,
- der Unternehmenskultur,
- Methoden von PE und OE,
- Projektarbeitsmethoden,
- Lernprozessen,
- Kommunikationswerkzeuge,
- Selbst- und Fremdwahrnehmung,
- Feedback-Verhalten,
- Motivationshilfen,
- Streßbewältigungsmittel,
- Konfliktmanagement,
- Umgang mit Widerständen,
- Kreativitätstechniken.

Organisationsebene

Durch den Prozeß kommen neue Aufgaben auf die Mitarbeiter zu, sind diese dafür gewappnet?

Der Coach übernimmt keine Verantwortung und gibt auch keine Lösungen vor, anders als der Consultant. Von einem Coach werden Fragen gestellt, um den Blick zu schärfen für bestimmte Erfordernisse. Beide Formen der Prozeßbegleitung können gleichzeitig sinnvoll sein.

Teamebene

Hier ist der Prozeßbegleiter in erster Linie Moderator und Förderer von Motivation, es sind kreativ- und teamfördernde Methoden einzusetzen. Konflikte sind zu erkennen, zu vermitteln und konstruktiv umzuwidmen. Auch gilt es, Vertrauen in Aufgabe und Person des Begleiters zu schaffen. Ursachen für Blockaden sind zu suchen und anzusprechen.

Personalebene

Hier ist der Begleiter Coach des Einzelnen. Dies Ebene wird aber nicht besonders be-

Tabelle 1: Umweltorientierte Anreizgestaltung im Unternehmen (aus [3])

Materielle Anreize	■ Spezifische Ausgestaltung des Bonussystems, so daß ökologische Minderzielerreichung nicht durch ökonomische Überfüllung kompensiert werden kann. ■ Betriebliches Vorschlagswesen (Anbindung an Ecology Circles) in Verbindung mit einem höheren Prämiensatz für umweltverbessernde Mitarbeitervorschläge. ■ Verknüpfung von Beförderung/Karriereplanung und Gehaltsfindung/Leistungsbeurteilung mit der (Über-) Erfüllung ökologiebezogener Ziele.	Ansprache materieller Bedürfnisse
Immaterielle Anreize	■ Information über toxische Stoffe, Sicherheit am Arbeitsplatz. ■ Ökologiebezogene Kennzahlensysteme, die »feed-back« Informationen liefern.	Ansprache von Sicherheitsbedürfnissen
Immaterielle Anreize	■ Lernstatt, Ecology Circles, Umweltprojektteams usw. ■ Solidaritätsfördernde Umwelt(lehr)veranstaltungen, -seminare, -bildungsausflüge. ■ Vorgesetzte fungieren als »Umweltschutzvorbild«.	Ansprache von sozialen Kontaktbedürfnissen
Immaterielle Anreize	■ Aufstiegsrelevanz umweltorientierten Verhaltens deutlich machen. ■ Auszeichnung von besonders umweltorientierten Mitarbeitern bei Betriebs- bzw. Erfinderfesten, Lob durch den Vorgesetzten; Übertragung besonderer Aufgaben an umweltbewußte Mitarbeiter. ■ Frühzeitiger Einbezug, Nutzung der Fachkompetenz, Information der Mitarbeiter hinsichtlich Umweltschutzmaßnahmen. ■ Eigenkontrollen	Ansprache von Anerkennungsbedürfnissen
Immaterielle Anreize	■ Herausvordernde, kreativitätsfördernde, ökologiebezogene Aufgabeninhalte (»job enlargement/enrichment«), identitätsstiftende Tätigkeiten, durch die ein privat gelebtes Umweltbewußtsein auch in der Unternehmung realisiert werden kann. ■ Partizipation bei der Fixierung von Umweltzielen. ■ Anregung zu ökologiebezogenen Innovationen. ■ Umweltbezogene Aus- und Weiterbildung	Ansprache von Selbstverwirklichungsversuchen

wertet, da Team- und Unternehmensinteresse im Mittelpunkt stehen.

»Job enrichment« und »Job enlargement« (Handlungsspielräume!) sind die beiden Treiber für Engagement, Eigeninitiative und hohe Einsatzbereitschaft – für das Selbstwertgefühl der Mitarbeiter in der Arbeit. In Zukunft kann der elementa-

Tabelle 2: Lernmethoden für berufliche Umweltbildung (aus [3])

Ansatz	Lernchancen	Wichtige Voraussetzungen
Projektmäßige Produktinnovation in Verbindung mit Entdeckungslernen	– Überblickwissen – Hinausdenken über das Bestehende – Praktische Erfolge	– wirtschaftlich relevantes Projektthema – Qualifikation der Ausbilder
Aktivierung in Gruppen	– Sachbezogene Kommunikation – Teamfähigkeit – Lernen am Arbeitsplatz – Veränderung der Realität	– Beteiligung an Entscheidungen – Unterstützung durch externes Know-how – Unterstützung durch Qualifikation der Moderatoren
Künstlerische Übungen	– Schulung der Sinne – Innovationsfreude – Offenheit – Flexibilität	– Zeitlicher Freiraum – Betreuung
Erlebnispädagogische Touren	– Vermeidung von Gefahren – Rücksichtnahme auf andere – Entscheidung unter Unsicherheit – Weckung von Forschungsinteresse	– Räumlich-landschaftliche Gegebenheiten – Zeitlicher Freiraum – Betreuung
Lernen aus umweltbezogenen moralischen Konflikten	– Abbau von Egoismus – Stärkung gesellschaftlicher Perspektiven – Einfühlungsvermögen	– »Herrschaftsfreie Verständigung« – Klima der Offenheit statt Anpassung
Zukunftswerkstatt	– Offenlegung von Problemen – Freisetzung von Energien – Gewinnung von Prioritäten	– Qualifikation der Moderatoren

re Wandel nur durch Persönlichkeitsbildung, Konflikt- und Teamfähigkeit sowie interdisziplinäres Zusammenarbeiten in ständig wechselnden Projektgruppen geschafft werden. Damit wird das »Personalprimat« über Effizienz und Wettbewerbsfähigkeit entscheiden. Neben fachlicher, sachlicher und technologischer Aus- und Fortbildung wird ein sehr viel weitergehendes Training erforderlich.

Steht der Mensch, die Gruppe, das Team, stehen Mitarbeiter im Mittelpunkt des Unternehmens, sind aus unseren Kunden statt »Ziel«-gruppen (auf die wir schießen?!) wieder Menschen geworden, denen wir Nutzen zu bieten haben, so muß sich auch das Selbstverständnis von Unternehmen und Unternehmern (!) ändern.

Führungskräfte und Mitarbeiter müssen sich selbst auf den Weg machen, ihre eigenen Werte, Visionen und Ziele in einem permanent wechselnden Markt zu entwickeln. Damit wird aber auch Um-

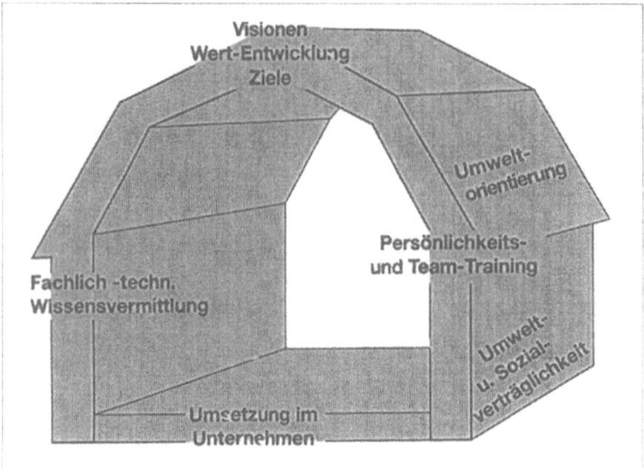

Abb. 5: *Bewußtsein – Emotion – Intuition als integrale Faktoren*

welt und Sozialverträglichkeit der Unternehmen als »dritte Dimension« in der Managemententwicklung immer stärker zum integrierenden Faktor, der zunehmend ganzheitlich ausgerichtete, gesunde »neue Unternehmen« induziert.

Was zeichnet sie aus – »die neuen Unternehmen«?

Mitarbeiter in diesen Unternehmen haben gemeinsame Ziele, die sie in einer freundlichen Atmosphäre umzusetzen versuchen. Der Umgang miteinander ist locker und entspannt. Man schätzt den Anderen und sucht nach Synergien zwischen den Fähigkeiten der Kollegen und seinen eigenen. Freude in der eigenen Arbeit und Mitverantwortung für gemeinsame Ergebnisse sowie die Qualität der Arbeit prägen das Geschehen.

Die hohe Identifikation mit dem was man tut, bedingt eine steigende Identifikation mit dem »eigenen Unternehmen«. Kein Gerangel um Positionen »interner Hitlisten«, keine Unterwürfigkeit, aber auch keine Arroganz und kein Hochmut bestimmen den Arbeitsalltag. Auch die Außen(um)welt dieser Unternehmen bemerkt den Wandel:

Bereits am Telefon spürt man die natürliche, entgegenkommende Art, den verbindlichen Ton, das ehrliche Interesse am Gesprächspartner.

Die Mitarbeiter dieser Unternehmen gehen mit uns auf eine wohltuende Art um – egal wer wir sind.

Für uns eigentlich nicht erstaunlich, führt die hohe Grundmotivation der Mitarbeiter zu einer großen Innovationskraft. Kreativität und Intuition helfen, Rezession und Strukturkrise zu überwinden.

Teil 4: Personalqualifikation

Visions- und Innovationsmanagement

Gerade die »alten Unternehmen« brauchen Visionen. Die Führungskräfte in diesen Unternehmen sind in der Regel fachlich bestens, aber eben nur konventionell, aus- und weitergebildet. Gemeint ist damit die ausschließliche Ansprache der Wissens- und Verstandesebene. Die Persönlichkeit solcher Führungskräfte ist oftmals einseitig entwickelt, weil es in Schulen und Hochschulen kein Unterrichtsfach »Persönlichkeitsbildung« gibt und deshalb dieser Bereich ausgeblendet wird und bleibt.

Ausbildung des Charakters in Ethik und Philosophie haben nicht stattgefunden. Mit Gefühlen wie Angst, Wut, Trauer, Zorn, Freude oder Begeisterung lernen Manager und Mitarbeiter nicht umzugehen. Der Gefühls- und Empfindungsbereich wurde nicht geschult, weil dies in rationaler, planmäßiger und individueller Leistungsanforderung vermeintlich hinderlich statt förderlich sein könnte. Das zumindest ist die Meinung vieler Manager.

»Man zeigt keine Gefühle, da wird man ja angreifbar.« Hierin ist auch eine Begründung zu sehen, dafür daß einseitiges Gewinn- oder Leistungsstreben nicht zu erfolgreichem Teamwork führen kann. Es fehlen die betrieblichen Spielregeln, es fehlt aber noch viel mehr die Qualifizierung, das entsprechende Training.

Gemeinsame Visionen verstärken das Wir-Gefühl

Visionen sind mehr als ein modisches Schlagwort. Visionen sind innere Bilder, Werte, Ziele von der Zukunft unseres Lebens, die auf intuitive Art und Weise erarbeitet werden. Durch die anschließende rationelle Auseinandersetzung mit den Visionsinhalten findet eine Verdichtung auf konkrete Umsetzungsschritte statt.

Visionen sind also vom Führungsteam und den Mitarbeitern gemeinsam getragene Vorstellungsbilder von der Zukunft des Unternehmens. Diese Visionen erfüllen sich letzten Endes von selbst, weil wir Menschen in unserem Bewußtsein offen sind für die Dinge und Ereignisse, die als unsere inneren Bilder zu unserem Leben gehören. Visionsentwicklung im Unternehmen ist eine Hilfe für alle, die neue Wege in der Unternehmensführung suchen. Weil sie spüren, daß das alte, lineare, mechanistische Management in Zukunft nicht mehr erfolgreich sein kann. Die Vision verwandelt im Unternehmen Druck in Sog, innere Kündigung in Identifikation, Macht in Partnerschaft und Egoismus in Wir-Gefühl. Sie erzeugt Begeisterung und Sogkraft, schafft durch Identifikation hohe Motivation und Sinnhaftigkeit.

Visionsmanagement erhöht den Teamgeist und damit den Unternehmenserfolg

Insbesondere sind dabei bei Führungskräften die emotional-energetischen und

Folgelieferung Januar '99

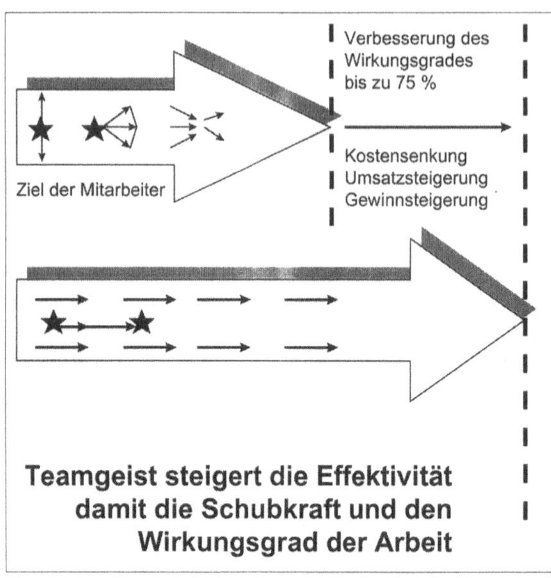

Abb. 6: *Visionsmanagement erhöht den Teamgeist und damit den Unternehmenserfolg*

intuitiven Fähigkeiten zu trainieren. Unser wissenschaftlich kausales Denken und Handeln muß ergänzt werden um intuitives synchronistisches Denken und Handeln. Deutschlands Manager stehen zunehmend mit dem Rücken zur Wand:

– Sie sollen innerbetriebliche Änderungen umsetzen,

– Kosten sparen,

– Mitarbeiter motivieren oder freisetzen,

– Umweltbelastungen vermeiden,

– höchste Qualität produzieren

– und das alles nach außen hin glaubwürdig vermitteln.

Politik und Gesellschaft erwarten von ihnen schnelle Bewältigung der Rezession,

viele Aktionäre eine respektable Dividende, die Familie mehr Zeit und Zuwendung. Wen wundert es da, daß Führungskräfte sich innerlich wie äußerlich immer mehr zerrissen fühlen? Wen wundert es da, wie es um unsere ökonomisch-ökologische Situation bestellt ist? Der alte Leitsatz: »Wie innen, so außen« hat hier volle Wirkung entfaltet.

Aus dieser Erkenntnis und dem Wissen darum, daß wir uns mit neuem Gedankengut zu beschäftigen haben, wenn wir zu Erfolg und Zufriedenheit kommen wollen, brauchen wir ein Management der Visionen. Als Bildungsmethode kann die Zukunftswerkstatt dienen. Der formale

Ablauf einer Zukunftswerkstatt bestehend aus:
- Kritikphase,
- Phantasiephase,
- Verwirklichungsphase,

eingeleitet durch eine Vorbereitungsphase, bietet die Möglichkeit, in Zusammenhängen zu denken, lernen und Visionen entwickeln zu können. Mögliche Fragestellungen, die innerhalb einer Zukunftswerkstatt behandelt werden, könnten unter anderem sein:
- In welchem Umfeld leben wir?
- Welche ökologischen Faktoren können unser Leben bedrohen?
- Welchen Einflüssen ist unser Unternehmen ausgesetzt?
- Wie ist unsere Wertehaltung?
- Was sind unsere Ziele?
- Ist Umweltorientierung überlebensnotwendig?
- Sind wir ausreichend und richtig geschult?
- Wie sieht es mit unserer Teamfähigkeit aus?
- Wie flexibel ist unser Unternehmen?
- Was verstehen wir in unserem Unternehmen unter ganzheitlichem Denken und Handeln?
- Welche Qualitätsanforderungen stellen wir an unsere »neuen Manager« und unser »neues Unternehmen«?
- Können wir zielsicher und erfolgsorientiert handeln?
- Wie sieht es mit Motivation und Gesundheitszustand der Mitarbeiter aus?

- Was ist Lebens- und Gestaltungsenergie und wie gehen wir damit um?
- Welche Umsetzungsblockaden ergeben sich in der betrieblichen Praxis?

Arbeiten mit den DenkArten des Künstlers Hakaro

Der Autor setzt diese Denkbilder erfolgreich im Rahmen der Wahrnehmungs- und Teambildung ein. Das Prinzip dabei: Menschen nehmen bevorzugt links- oder rechtshemispherisch – kognitiv oder bildhaft – wahr. Im Team stehen ihnen deshalb mehr Informationen zur Entscheidung zur Verfügung als dem Einzelnen. Der Strukturwandel braucht die Komplexität, die Vielfältigkeit der Wahrnehmung, um erfolgreiche Entscheidungen treffen und umsetzen zu können.

Einzelarbeit

Die Teilnehmer sollen in Einzelarbeit die Bilder von Hakaro wahrnehmen, Inhalte herauslesen, vor-denken, nach-denken, Handlungskonzepte und Botschaften erkennen, Hinter-Sinn erforschen, Bilder erkennen, Symbole beschreiben, Gleichnisse finden, Assoziationen entdecken, Gefühle und Sinne einsetzen und Interpretationen ableiten.

Gruppenarbeit

Die Teilnehmer sollen in Kleingruppen ihre Ergebnisse zusammentragen, abgleichen, Erkenntnisse diskutieren, Systematik

---

Kunst als Umweltbildungsmethode

Im Gegensatz zu Werbung und Plakativität, die möglichst direkt und eindrucksvoll Botschaften vermitteln wollen, muß man sich um die Denkart von Hakaro bemühen. Die bildhafte Form und Gesetzmäßigkeit, mit der die streng konstruierten Buchstaben und Zeichen aufgebaut sind, zwingen zunächst den Betrachter, das Bildrätsel entschlüsseln zu wollen. Dabei kann er sich durchaus verirren, von seinem bisherigen Denken fehlgeleitet werden. Buchstaben und Alphabet sind dabei hinderlich und erschweren den »Durchblick« zum Hintersinn mehr, als daß sie helfen.

Damit spiegeln sie unsere derzeitige Lage wider: Bekanntes und Genormtes muß in Frage gestellt werden, wenn wir den Strukturwandel in Wirtschaft und Gesellschaft schaffen wollen.

Hakaros Wort- und Denkbilder rufen aber auch in ihrer Rätselhaftigkeit auf, sich Zeit zu lassen mit der Entschlüsselung. Zeit, die uns in unserer schnellebigen Zeit vermeintlich verloren gegangen ist, ist nötig, um die Dinge verstehen zu können. Nach dem Verstehen kommt das Handeln! Die Ordnung der Schriftbilder wird der Unordnung unseres Umweltverhaltens gegenübergestellt (Lieber Leben Lassen) und mahnt uns, uns Zeit zu nehmen, um Lösungen zum »richtigen« Umweltverhalten zu finden.

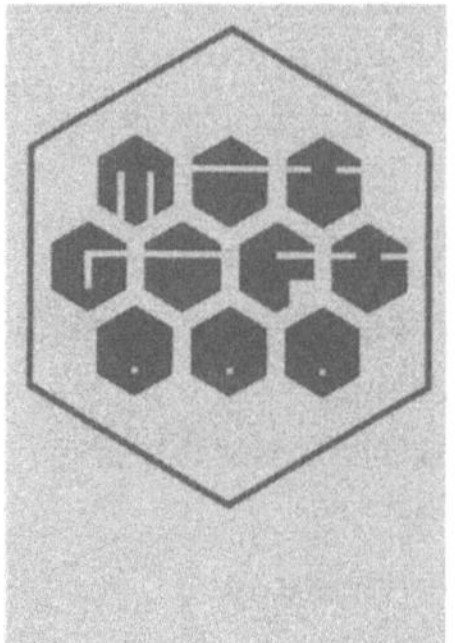

Abb. 7:

Mit-Gift aus der Sammlung DenkArten des Künstlers Hakaro

Die Komplexität der Umweltbeziehungen zwischen Mensch und Natur braucht Zeit, um »richtige« und abgewogene Lösungen zu finden...So ist z.B. auch der »Hinter«-Sinn bei Hakaros »Mit-Gift« zu verstehen: Nach dem Entschlüsseln der Buchstaben kann man mit einiger Phantasie in der grafischen Form der weißen Zwischenräume die Strukturformel eines Naphthalinderivates erkennen (Aromatischer Kohlenwasserstoff: z.B. Naphthylamin, ein Steinkohlenteer- und Zwischenprodukt zur Herstellung von Farbstoffen, Pharmazeutika oder Druckhilfsmittel. Es ist ein Haut- und Atemgift sowie krebserregend) erkennen. Das ist eine Mit-Gift der industriellen Produktion. Mit allen Konsequenzen: z.B. kostenintensiver analytischer Ermittlung, toxikologischer und ökotoxikologischer Bewertung und daraus abgeleiteter Vorsorgewerte für Mensch, Tier und Umwelt.

erkennen und eine Analyse der Gruppenarbeit vornehmen. Prüfen, wofür die Aufgabe gut sein könnte und wozu sie in der Tagesarbeit hilfreich sein kann. Die Gruppe stellt ihre Erkenntnisse auf Flipchart zusammen, bestimmt einen Präsentator, der die Ergebnisse im Plenum vorstellt.

Präsentation
der Teamergebnisse im Plenum
Die Gruppen präsentieren ihre Arbeitsergebnisse im Plenum, erläutern ihre Vorgehensweise, halten fest, wo es Konflikte und Lösungsansätze gab, wie die Stimmung in der Gruppe war, was besonders

Linke Gehirnhälfte	Rechte Gehirnhälfte
• kontrolliert die rechte Körperseite	• kontrolliert die linke Körperseite
• arbeitet im Detail	• arbeitet ganzheitlich
• ist systematisch und logisch	• hat das Langzeitgedächtnis
• hat das Kurzzeitgedächtnis	• Bilder und Farben
• analysiert und kritisiert	• Intuition
• gesunder Menschenverstand-Tatsachen	• steuert Körpersprache
• speichert Sprache und Grammatik	• Phantasie und Kreativität
• bewertet	• Spontaneität und Spaß

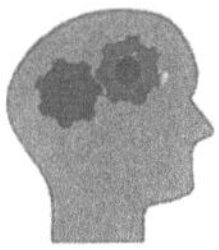

Abb. 8: *Funktionen der rechten und linken Gehirnhälfte*

Folgelieferung Januar '99

gut und was besonders schlecht lief, ob es »highlights« bei der Erarbeitung gab, was besonders erwähnenswert war, beschreiben Hemmnisse und Blockaden sowie Förderungen und Begeisterungen.

Reflektion der Aufgabenstellung durch den Trainer:
Die Bilder werden vom Trainer in ihren Bedeutungen und Bewertungen ergänzt, es wird die optimale Arbeitsweise vorgestellt, es werden gruppendynamische Erkenntnisse zu Gruppen- oder Teamleistung verdeutlicht, es werden die Möglichkeit der weiteren betrieblichen Nutzung der Hakaro-Bilder (Umweltsensibilisierung) erläutert, es wird der Hintergrund des Künstlers beschrieben.

Reflektion der Teilnehmer:
Was hat mir an der Übung gefallen? Was hat mir an der Übung nicht gefallen? Was hat diese Übung mir gebracht? Was kann ich davon in meiner Arbeit nutzen? Was werde ich daraus ableiten und umsetzen? Was hätte ich noch dazu zu sagen?

Arbeitsfunktionen im Team:
- Innovieren, Idee haben
- Promoten, sich dafür begeistern und fördern

Tabelle 3: Fünf Bausteine eines erfolgreichen Teams

Aufgaben	An ihnen kann sich das Team orientieren. Sie geben die eigentliche Existenzberechtigung der Gruppe.
Ziele	Sie sind die Grundlage für zu treffende Entscheidungen und geben Motivation. Damit sie wirksam sind, müssen sie aufgabenbezogen und messbar sein.
Beziehungen	Gemeinsame Normen und Regeln und gegenseitige Achtung sind Grundvoraussetzungen für ein funktionierendes Team.
Rollenverteilung	Jeder muß wissen, was er macht. Dabei sind die Stärken des Einzelnen wichtig für das Team.
Abläufe	Von Anfang an sollte festgelegt sein, wie gemeinsame Entscheidungen getroffen werden und Probleme gelöst werden sollen.

Tabelle 4: Das permanente Mißverständnis: Gruppe oder Team?

Team	Gruppe
+ lösungsorientiert	+ beziehungsorientiert
+ hierarchiefrei	+ hierarchieorientiert
+ Kommunikationsgemeinschaft	+ Institution
+ Teaminteraktionen	+ Konferenzstil

- Entwickeln, die Idee weitertreiben
- Organisieren, was ist erforderlich?
- Umsetzen, was sind die KO-Kriterien?
- Überwachen, wo sind die Schwachstellen?
- Stabilisieren, wie lassen sich Schwächen ausmerzen?
- Beraten, eigene Erfahrungen einbringen

Alle Teammitglieder haben sich verantwortlich einzubringen und abwechselnd – je nach Kompetenz – als Führende (Moderator!) zu fungieren. Aktives Zuhören, Aufstellen von Zielen, Terminverfolgung, Qualitäts-Ansprüche sind zu definieren und im Konsens umzusetzen.

Vorteile der Teamarbeit

- Mehr Qualität durch Akzeptanz und Mitwirkung.
- Die Leistung des Teams ist bei hohen Komplexitäten größer als die Summe von Einzelleistungen.
- Gemeinsame Verantwortung für die Zielerreichung.
- Experten wechseln sich in der (fachlichen) Führung ab.
- Zwischenmenschliche Interessen werden zur Stärke.

Folgelieferung Januar '99

Gefährdung der Teamarbeit:

- Das Team wird von der Führung (GL) nicht gewollt/unterstützt.
- Toleranz für Andersdenkende nicht vorhanden.
- Konflikt: hart in der Sache und persönlich verletzend vorgehend.
- Gemeinsames Ziel steht nicht im Vordergrund.
- Persönliche Profilierung und dominantes Verhalten.

Die mit den Hakaro-Denkbildern ermittelten Arbeitsergebnisse eröffnen den Teilnehmern vielschichtige Erkenntnisse:

Zunächst können sie ihre Wahrnehmungsvorlieben (analytisch/kreativ) ermitteln, sie können dann Sinn und Inhalte der Bilder interpretieren, sie erarbeiten dann in Kleingruppen weitere Erkenntnisse, die gruppendynamische Verhaltensweise wird modellhaft festgestellt, Schlüsselqualifikationen werden geübt und die Bedeutung der Moderationsfunktion für jeden nachvollziehbar gezeigt. Darüber hinaus dürfen Aufgabe und die dabei erzielten Ergebnisse Spaß machen – gerade im Umweltschutz ist »Spaß haben« wichtig für Innovation und Langfristigkeit in der Verhaltensänderung. Insgesamt ist diese Lehrmethode sehr hilfreich in der Qualifizierung von Umweltbetriebsprüfer-/Auditorenteams und zur Verbesserung der gruppendynamischen Prozesse.

Literatur

[1] WILLIG, M.: *Ökologie, Ökonomie – unternehmerische Aufgaben und Voraussetzungen, Galvanotechnik, Nr. 11, Band 85 (1994), S. 8 -15, Saulgau*

[2] WILLIG, M.: *Vom entsorgenden Umweltschutz zum zukunftsorientierten Umweltmanagement – nicht ohne Umweltqualifikation, in: Geprüftes Umweltmanagement, Ebinger, F. (Hrsg), 1997, RKW, Eschborn*

[3] HOPFENBECK, W./WILLIG, M (Hrsg.).: *Umweltorientiertes Personalmanagement, 1995, verlag moderne industrie, Landsberg/Lech.*

[4] WILLIG, M.: *Motivation im Team, Der Gefahrgutbeauftragte, Heft 12, Dezember 1997, Hamburg*

[5] DE HAAN/JUNGK/KUTT/MICHELSEN/NITSCHKE/SCHNURPEL/SEYBOLD: *Umweltbildung als Innovation, 1997, Springer, Berlin, Studie des BMBF zur Auswertung von bildungsbereichsübergreifenden Modellversuchen in der Umweltbildung/Qualifizierung*

[6] ANONYMUS: *Berufliche Bildung – Kontinuität und Innovation, Tagungsband II des 3. BiBB-Fachkongresses vom 16.-18. Oktober 1996 in Berlin, Arbeitskreis 9.3, Seiten 1021 – 1080*

[7] HEDTKE, R.: *Kleine Ökonomie der Umweltbildungspolitik, Zeitschrift für berufliche Umweltbildung, (ZBU) Nr. 3-4/1997, S. 29 – 34, Berlin*

[8] BORNEMANN, S./WILLIG, M.: *Umweltschutz in der Weiterbildung, Q-Magazin, Berufliche Qualifizierung International, 3/1992, Rodgau*

[9]   RESCHKE, B.: *Die Arbeitskreise Umwelt-schutz – eine bewährte Arbeitsform zur Qualifizierung von Ausbilder/innen und Berufsschullehrer/innen, Zeitschrift für berufliche Umweltbildung (ZBU) Nr. 3-4/1997, S. 21 – 26, Berlin*

[10] GROTHE-SENF, A.: *Global denken, lokal handeln, in: Personalführung 10/93*

[11] GEIßLER, H.: *Bildungsmarketing. Vorhut eines humanistischen Marketing-Modells, in: GdWZ, 3. Jg., H. 3/1992.*

[12] MATZEL, M.: *Die Organisation des betrieblichen Umweltschutzes. Eine organisationstheoretische Analyse der betrieblichen Teilfunktion Umweltschutz, Betriebswirtschaftliche Studien 57, Berlin 1994.*

[13] FÖSTE, W: *Verbesserter Umweltschutz in Industrieunternehmen durch mehr Umweltschutzqualifikation der Beschäftigten, in: UVP-Report, H. 4/1993*

Zusammenfassung

Der zur Zeit stattfindende Strukturwandel kann nur mit motivierten Mitarbeitern erfolgreich umgesetzt werden. Dazu sind neben kognitiven Wissensvermittlungen im Rahmen von Umweltqualifizierungen die personenbezogenen Schlüsselqualitäten zu trainieren. Zur Bewältigung komplexer Zusammenhänge ist die Intuition zu aktivieren. Durch emotionale Bereitschaft für Innovation und Verhaltensänderung ergeben sich neue Konzepte und Umsetzungen betrieblicher Erfordernisse. Die für den Wandel existenziell erforderlichen ganzheitlichen Umweltmanagementsysteme können nur durch kreative und motivierte Mitarbeiter »zum Leben erweckt« und damit effizient umgesetzt werden. Mit Hilfe neuer Umweltlehrmethoden (z.B. der Hakaro-Denkbilder) lassen sich betriebliche Abläufe und persönliche Strukturen im Rahmen von Visions- und Teambildungsprozessen optimieren. Sinnlichkeit und Toleranz mit »Andersdenkenden« ist Voraussetzung für Innovation und Veränderung. Teambildungsprozesse erleichtern die Durchsetzbarkeit von Innovationen in Form von Multiplikationseffekten. »Verbündete« im Unternehmen geben den »Pionieren« im Unternehmen mehr Kraft zur Umsetzung der Innovationen.

Kommunikative Unternehmensführung Teil 2: extern

Die Kommunikation über Umweltsachverhalte zwischen Unternehmen und Öffenlichkeit nimmt sowohl an Häufigkeit wie an Bedeutung zu. Das zeigt nicht zuletzt die wachsende Zahl veröffentlichter Umweltberichte und Umwelterklärungen. Doch die Berichterstattung ist nicht das einzige Instrument einer kommunikativen Unternehmensführung. Soll die externe Kommunikation erfolgreich sein, muß sie im Unternehmen strategisch organisiert werden. Alle eingesetzten Instrumente sollten aufeinander abgestimmt sein und Nutzen und Risiken sorgfältig gegeneinander abgewogen werden.

Stichworte: Proaktive Unternehmen; Anspruchsgruppen; Umweltkommunikation; EMAS; Sustainable Developement; Agenda 21; Dialogorientierte Umwelteffizienzberichte; Vorsorgeorientierte Störfallinformationen; Kommunikation im Stoffstrommanagement; Öko-Steckbriefe; Direkte Verständigungsprozesse; Umweltberichterstattung; Gremien- und Verbandsarbeit; Nutzen offener Umweltkommunikation; Rechtliche Anforderungen für die Umweltkommunikation; Organisatorische Voraussetzungen; Grenzen der externen Kommunikation.

MARCUS BLOSER UND FRANK CLAUS

Aktive Umweltkommunikation

In Unternehmen gewinnen ökologische und soziale Aspekte neben betriebswirtschaftlichen Zielen (Shareholder Value) trotz aktuell rückläufiger Tendenzen perspektivisch an strategischer Bedeutung. Proaktive Unternehmen suchen verstärkt nach ökologisch und sozial tragfähigen Lösungen für ihre Produktion und Produkteigenschaften (Anm.: Proaktive Un-

In diesem Beitrag erfahren Sie:
- warum externe Umweltkommunikation mehr als Umweltberichterstattung ist,
- welche Interessen externer Akteure sich unterscheiden lassen,
- welche innerbetrieblichen Rahmenbedingungen für eine externe Kommunikation notwendig sind,
- was beispielhafte Möglichkeiten einer kommunikativen Unternehmensführung sind.

ternehmen betrachten die externe Umwelt-Kommunikation als integralen Bestandteil einer strategisch, umweltorientierten Unternehmenspolitik und als Maßnahme der Kundenorientierung). Dabei setzt sich die Erkenntnis durch, daß diese Innovationen einfacher in Verständigungsprozessen mit externen Anspruchsgruppen (Kunden, Banken, Behörden, Verbände etc.) realisiert werden können. Mit Umweltkommunikation lassen sich mehr Erfolge verbuchen und transportieren.

Neben der Kommunikation ist die Bedeutung aktiver Information über Umweltthemen gewachsen. Die Information der Öffentlichkeit wird auch in der EG-Öko-Audit-Verordnung (EMAS) explizit gefordert: »Die Unterrichtung der Öffentlichkeit durch die Unternehmen über die Umweltaspekte ihrer Tätigkeiten stellt einen wesentlichen Bestandteil guten Umweltmanagements und eine Antwort auf das zunehmende Interesse der Öffentlichkeit an diesbezüglichen Informationen dar«.

Es gibt Unternehmen, die Verständigung über Umweltziele und deren Realisierungschancen bisher eher als eine »Einweg-Kommunikation« mit einer Informationsweitergabe über traditionelle PR-Mittel betrachten. Der Informationsfluß verläuft weitestgehend einseitig von Unternehmen zur Öffentlichkeit.

Entsprechend finden sich nicht in allen Umweltmanagement-Dokumentationen Hinweise auf Verfahren, Methoden und Instrumente der externen Umweltkommunikation. Meistens beschränken sich Unternehmen im Kapitel »Exter-

ne Kommunikation« auf Hinweise zur Erstellung der Umwelterklärung oder die Erstellung von Kundenzeitschriften.

In der bisherigen Umweltberichterstattung wird in der Regel ausschließlich über Erfolge berichtet. Gerade diese Strategie stößt bei Kritikern der Unternehmen, die wesentliche Leser der Berichte sind, auf wenig Gegenliebe. Sie fordern stattdessen Offenheit, das Eingestehen von Fehlern und eine Erfolgsbewertung der eigenen Umweltpolitik.

Der vorliegende Beitrag soll die Aufgaben, Chancen und Risiken, Rahmenbedingungen und Formen ziel(gruppen-)orientierter externer Umweltkommunikation an Beispielen schildern. Zu den dargestellten Formen gehören:

- Dialogorientierte Umwelteffizienzberichte,
- Vorsorgeorientierte Störfallinformation,
- Kommunikation im Stoffstrommanagement,
- Öko-Steckbriefe (Produktinformation und -kennzeichnung zu Inhaltsstoffen und deren Umweltwirkungen, Hinweise zum umweltgerechten Gebrauch und der Entsorgung),
- Direkte Verständigungsprozesse mit externen Akteuren (zum Beispiel bei umstrittenen Neuplanungen oder Änderungen von umweltrelevanten Anlagen oder der Kennzeichnung gefährdender Inhaltsstoffe),
- Gremien- und Verbandsarbeit.

Folgelieferung Januar '99

Nutzen offener Umweltkommunikation

Lösungen für Aufgaben des Umweltschutzes können nicht allein durch Unternehmen oder gesetzliche Regelungen erreicht werden. Diese Erkenntnisse waren auch eine Triebfeder für die Konkretisierung des Leitbilds Sustainable Development oder der Lokalen Agenda 21. Offene Informationspolitik und Verständigung aller betroffenen Akteure über Ziele und Organisationsformen des Dialogs sind wesentliche Katalysatoren für die Entwicklung umweltorientierter Unternehmensstrategien.

In Umfragen verschiedener Institutionen (zum Beispiel des Bundesarbeitskreis für umweltbewußtes Management – B.A.U.M. – oder des Instituts für ökologische Wirtschaftsforschung – IÖW) zum Nutzen von Umweltmanagementsystemen (im folgenden UMS) werden mehrheitlich folgende Aspekte genannt:

- Realisierung von Kosteneinsparpotentialen,
- Schaffung von Rechtssicherheit,
- interne Mitarbeitermotivation.

Durch eine offene, aktive und zielgruppenorientierte Umweltkommunikation und die Bereitschaft zum Dialog können beispielsweise folgende Vorteile erzielt werden:

- Identifizierung von Innovationspotentialen im Umweltschutz durch Einbeziehung und Nutzung von externem Know-how.
- Wettbewerbsvorteile durch Gewinnung neuer Märkte und Kundenspektren über das verbesserte Firmenimage als proaktives Unternehmen in der Öffentlichkeit und bei Kunden.
- Schaffung von Rechtssicherheit durch Kommunikation und Kooperationen mit Behörden.
- Prävention bei Störfällen durch gezielte Information über Risiken und das richtige Verhalten im Ernstfall. Hierdurch können Folgeschäden auf das unvermeidliche Maß reduziert werden.
- Nutzung der Vorteile der verbesserten Umweltkommunikation als zusätzlicher Leistungsindikator für Kreditinstitute und Versicherungsunternehmen.
- Anwerbung von Führungskräften, die lieber in einem Unternehmen mit einem positiven (Umwelt-)Image arbeiten.

Desinteresse an Umweltberichten?

Trotz dieser internen positiven Effekte tun sich Unternehmen mit der Realisierung von imageverbessernden externen Maßnahmen schwer. Dies zeigen auch die Diskussionen zum Nutzen von Umweltberichten und -erklärungen (zum Beispiel im Rahmen einer Tagung des IÖW im Jahr 1998 zum Nutzen von Umwelterklärungen vor dem Hintergrund des durchgeführten Rankings [9]). Berater und Unternehmen äußern Enttäuschung über die Wirkungslosigkeit dieser Instrumente. Als Gründe werden fehlendes Interesse der angesprochenen Zielgruppen und Unsicherheiten bei der Konzeption und Realisierung genannt. Häufig werden Umweltberichte nur erstellt, weil die Konkurrenten einen solchen vorgelegt haben. Die Inhalte jedoch würden nicht zur Kenntnis genommen.

Eine wesentliche Ursache für das Desinteresse sei die fehlende Orientierung an den tatsächlichen und unterschiedlichen Informationsbedürfnissen der jeweiligen Zielgruppe. Die Bedürfnissen unterscheiden sich für verschiedene Branchen und bei den jeweiligen Anspruchsgruppen, denn die gesellschaftlichen Akteure haben durch ihre Lebensumstände und ihre Aufgabendefinition in der jeweils agierenden Gruppe eigene Blickwinkel und daher unterschiedlichen Informations- und Kommunikationsbedarf.

Auswahl rechtlicher Anforderungen

Einige rechtliche Regelungen zum betrieblichen Umweltschutz enthalten auch Verpflichtungen zur Information oder Beteiligung der Öffentlichkeit. Dazu gehören beispielsweise:

- Das Umweltinformationsgesetz (UIG), durch das der Öffentlichkeit Anspruch auf bei Umweltbehörden vorliegende umweltrelevante betriebs-

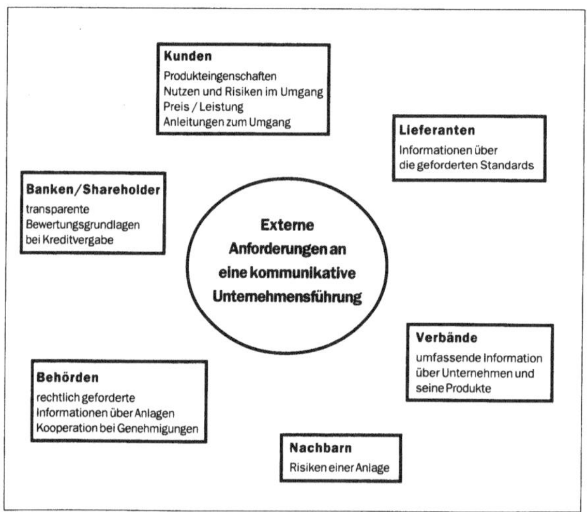

Abb. 1: *Externe Anspruchsgruppen von Unternehmen und ihre Interessen*

Folgelieferung Januar '99

bezogene Daten eingeräumt wird. Hier sind auf europäischer und nationaler Ebene Tendenzen erkennbar, die der Öffentlichkeit zukünftig weitere Ansprüche zubilligen.

- Die novellierte Störfallverordnung (StörfallVO) enthält die Verpflichtung der Betreiber störfallrelevanter Anlagen, die Öffentlichkeit über die Risiken und das richtige Verhalten im Störfall zu informieren.

- Die EG-Öko-Audit-Verordnung (EMAS) verpflichtet Unternehmen, die freiwillig an diesem System teilnehmen, in Form einer schriftlichen Umwelterklärung Informationen über die vom Unternehmen erzeugten Umweltwirkungen, den Fortschritt des kontinuierlichen Verbesserungsprozesses und die geplanten Maßnahmen zur Minimierung der Umweltwirkungen der Öffentlichkeit zugänglich zu machen.

- Das Gesetz zur Umweltverträglichkeitsprüfung (UVP-G) enthält Vorgaben zur Öffentlichkeitsbeteiligung bei umweltrelevanten Planungsvorhaben.

Die Interessenlagen externer Akteure

Kunden, Öffentlichkeit

Zur Beurteilung des Images eines Unternehmens sind neben der Leistungsfähigkeit seiner Produkte oder Dienstleistungen auch Umweltschutzleistungen und Offenheit von Bedeutung.

Für Kunden sind Umweltschutzkriterien nach dem Preis-/Leistungsverhältnis ein weiteres Kriterium der Kaufentscheidung bei Produkten. Dabei liegt allerdings bisher nur eine geringe Bereitschaft zur Zahlung höherer Preise für Umweltschutzprodukte vor.

Kunden interessieren sich in erster Linie für die Zusammensetzung der Produkte, ihre Umwelteigenschaften und für Hinweise zum umweltgerechten Gebrauch (inklusive Entsorgung). Daher haben Kennzeichnung und/oder Label hohe Bedeutung, um Kunden eine Orientierung zu geben.

Umweltverbände, Bürgerinitiativen

Umweltverbände haben in der Vergangenheit in erster Linie eine Kontrollfunktion wahrgenommen. Neben dieser Funktion ist in den vergangenen Jahren ein größer werdendes Interesse an der aktiven Mitgestaltung der unternehmensbezogenen Umweltleistungen und -strategien erkennbar.

In einzelnen Fällen besteht zwischen Industrie und Verbänden die Bereitschaft zur Kooperation. Ein Beispiel ist die Kooperation des Computerunternehmens Cherry mit dem Bund für Umwelt und Naturschutz Deutschland e.V. (BUND) bei der Entwicklung und gemeinsamen

Präsentation einer umweltfreundlichen Computertastatur.

Bürgerinitiativen konzentrieren sich im Unterschied zu Verbänden oftmals auf eng abgegrenzte Problembereiche, die meist im Zusammenhang mit einem bestimmten Betriebsstandort stehen. In einigen Fällen haben sich Berührungsängste zwischen Unternehmen und Bürgerinitiativen aufgebaut, die eine produktive Auseinandersetzung über mögliche Lösungsstrategien erschweren. Auch hier sind Tendenzen der Kooperation und des Dialogs erkennbar, so zum Beispiel beim dauerhaften Arbeitskreis von Nachbarn und Unternehmensvertretern des Chemiekonzerns Hoechst in Griesheim.

Politik

Eine Aufgabe der Politik ist die Entwicklung von Visionen, Leitbildern und Zielen für den betrieblichen Umweltschutz, die Entwicklung von gesetzlichen Regelungsmechanismen und die Einrichtung von Diskussionsforen. Staatliche Organe setzen Rahmenbedingungen (beispielsweise Informationspflichten), können ökologische Produktinnovation fördern oder mit ökonomischen Anreizen die Strukturen von Märkten beeinflussen. Eine weitere staatliche Aufgabe besteht in der Entwicklung und Überprüfung von Normen, Standards und Regeln für umweltverträglicheres Wirtschaften.

Diese Aufgaben erfordern in besonderem Maße Information und Dialog. Beispiele für die Einbindung gesellschaftlicher Gruppen und für Vorschläge zum weiteren Dialog sind in der Enquête-Kommission »Schutz des Menschen und der Umwelt« und dem Büro für Technikfolgenabschätzung des Deutschen Bundestages zu sehen. Auch im Bereich der Normung ist mittlerweile eine Richtlinie zur Erstellung von Umweltberichten vorgelegt worden, die jedoch nur sehr knapp einen Rahmen vorgibt [8].

In der Politik sind in den letzten Jahren parteiübergreifend Anreizmechanismen zur Vereinbarung freiwilliger Selbstverpflichtungen der Industrie geschaffen worden (zum Beispiel im Rahmen der Nachhaltigkeitsdebatte, der Lokalen Agenda 21 oder in den Stellungnahmen des Sachverständigenrats für Umweltfragen).

Die Übersicht in Tabelle 1 stellt die Bedürfnisse der Akteure nach Information und Verständigung über Umweltleistungen eines Unternehmens zusammen.

....

Interne organisatorische Voraussetzungen

Viele Unternehmen haben inzwischen den Stellenwert und die Bedeutung des betrieblichen Umweltschutzes erkannt. Externe Kommunikation und Verständigung über die Aktivitäten eines Unternehmens können gerade dann wirkungsvoll

Tabelle 1: Prioritäre Informationsbedürfnisse der Akteure (+ + + = hoch, + = gering)

	Mitar-beiter	Kunden	Öffent-lichkeit	Politik	Umwelt-verbände
Umweltleitlinien	+ + +	+	+	+ +	+ + +
Umwelt-managementsystem	+ + +	+		+ +	+ + +
Planungen und Ziel-setzungen incl. Zeit-horizonten	+ + +	+ +	+	+ + +	+ + +
Umwelt-Investitions- und Betriebskosten	+ + +	+ +	+	+ +	+
Defizite im Umweltschutz/ Selbstkritik	+ + +	+ + +	+ + +	+ + +	+ + +
Umweltverträglich-keit der Produktion	+ + +	+ +	+ +	+ +	+ +
Umweltverträglich-keit der Produkte	+ +	+ + +	+ + +	+	+ + +
Umweltschutz an einzelnen Standorten	+ + +	+	+ +	+ + +	+ +

sein, wenn sich das Unternehmen klare ökonomische, ökologische und gesell-schaftliche Ziele gesteckt hat, deren Errei-chungsgrad für alle Akteure nachvollzieh-bar dargestellt und überprüfbar ist.

Sind quantifizierte Umweltziele vor-handen und wird Umweltschutz als Füh-rungs- und Managementaufgabe verstan-den, dann sollten entsprechende organisa-torische Zuständigkeiten zur Umsetzung dieser Ziele geschaffen werden. Diese Fest-legung von Verantwortlichkeiten umfaßt bisher in den wenigsten Fällen den Be-reich der externen Umweltkommunikati-on. Hinzu kommt, daß in den PR- oder Marketingabteilungen selten Mitarbeiter beschäftigt sind, die neben ihrer klassi-schen Ausbildung über Zugang zu Exper-ten und Multiplikatoren der »Umwelt-szene« verfügen. Klein- und mittelständi-sche Unternehmen (KMU) sind aufgrund knapper Ressourcen besonders schwer in der Lage, sich mit diesen Anforderungen organisatorisch und methodisch auseinan-derzusetzen. Gegebenenfalls ist externe Beratung für beide Fälle nützlich.

Als Grundlage einer effektiven Um-weltkommunikation empfehlen wir eine Analyse der Anforderungen der externen Anspruchsgruppen an das jeweilige Un-

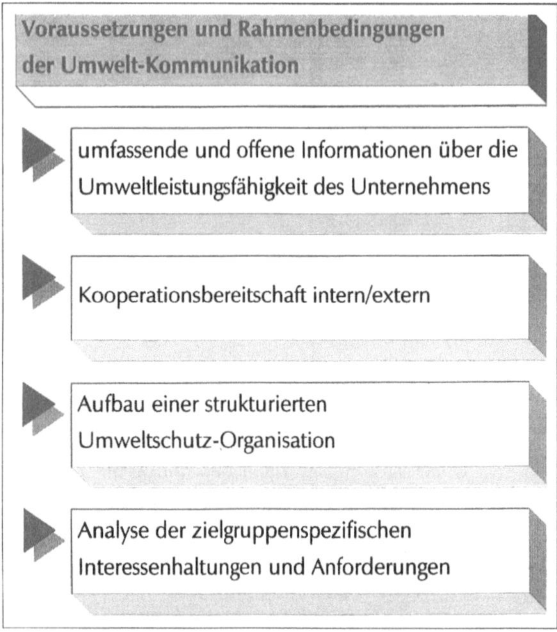

Abb. 2: *Wichtige Voraussetzungen einer aktiven Umweltkommunikation*

ternehmen. In den meisten Unternehmen kann diese Aufgabe organisatorisch den Bereichen Unternehmenskommunikation oder Marketing zugeordnet werden oder direkt von den Umweltschutzabteilungen verantwortet werden. In KMU sind die Führungskräfte für diesen Bereich direkt verantwortlich.

Diese Aufgaben benötigen finanzielle und personelle Ressourcen. Dazu gehört auch, daß Personal mit entsprechenden Erfahrungen beschäftigt wird, das auch von der hierarchischen Stellung über ausreichende Kompetenzen und Informationen verfügt, um sich glaubhaft mit Externen auseinandersetzen zu können. Außerdem sollte – gerade bei größeren Unternehmen – ein direkter Kontakt zwischen den Verantwortlichen für Umwelttechnik und für Organisation sowie der Marketing-/Kommunikationsabteilung hergestellt werden.

Um die Glaubwürdigkeit der Interessenanalyse gegenüber den externen Anspruchsgruppen zu steigern, können Externe im ersten Durchgang mit dieser Aufgabe betraut werden.

Informationen über die externen Ansprüche sollten in Unternehmen kontinuierlich von der Führungsebene ausgewer-

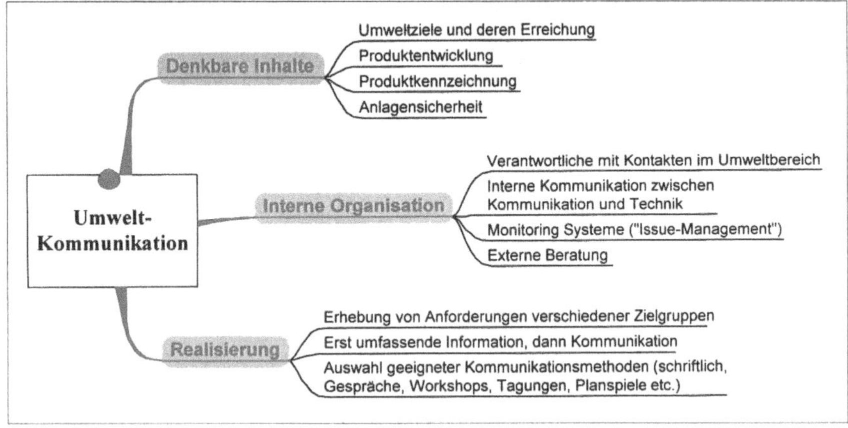

Abb. 3: *Ablauf und Inhalte einer aktiven Umweltkommunikation*

tet und in die Entwicklung der Unternehmensstrategie mit einbezogen werden. So kann auch Risiken begegnet werden, die in der öffentlichen Diskussion neuer Themen liegen. Als »Frühwarnsystem« (»Issue-Management«) empfiehlt es sich, Mitarbeiter zur Verbesserung ihrer Informationslage in Gremien zu entsenden, in denen politisch relevante fachliche Themen beraten werden. Hier bestehen Chancen zur Nutzung des Wissenspotentials ökologisch orientierter Gruppen, und man lernt Personen und Positionen kennen.

Instrumente der Umweltkommunikation

Umwelt- oder besser Effizienzberichterstattung

Ein Instrument der Information über die Umweltschutzaktivitäten eines Unternehmens ist eine wiederkehrende Umweltberichterstattung oder die verpflichtende Umwelterklärung nach EMAS. Wichtig für die Schaffung einer Vertrauensgrundlage ist neben der Beschreibung der Erfolge die Darstellung der erreichten und nicht erreichten Ziele, der Erfolge und Mißerfolge (Effizienzberichte). Umwelteffizienzberichte orientieren sich damit am Aufbau von Geschäftsberichten, die ebenfalls eine nachvollziehbare Grundlage für die Bewertung des Unternehmenserfolgs liefern. Für Mitarbeiter, Kunden und Öffentlichkeit werden damit Zielsetzungen und deren Umsetzung transparent. Es eröffnen sich konkrete Möglichkeiten des Dialogs mit Externen. Dies gibt Unternehmen die Chance, externe Blickwinkel und Sachverstand in die Entwicklung und Qualifizierung ihrer Umweltleistungen zu integrieren und Verständnis für die Positionen der beteiligten Akteure zu entwickeln.

Ein Umweltbericht sollte folgende Inhalte haben[10] [11] [12] [14] [16] [18]:

- ■ Verankerung des Umweltschutzes in Unternehmenspolitik und Organisation (Stellenwert, Verantwortlichkeiten, Beteiligungsformen, Qualifizierungsmaßnahmen),
- ■ Darstellung und Bewertung der wesentlichen Umweltwirkungen des Produktions-, Dienstleistungs- und Distributionsprozesses auf alle Umweltmedien,
- ■ Darstellung und Bewertung der wesentlichen Umweltwirkungen der Produkte (Grundstoffe, Vorproduktion, Produktion, Transport, Verbrauch, Verwertung und Entsorgung) im gesamten Lebensweg,
- ■ Störfallgefahren und Risikopotentiale und
- ■ quantifizierte und somit überprüfbare Ziele zur Verbesserung der Schwachstellen mit einer nachvollziehbaren Bewertung des Erreichungsgrads.

Vorsorgeorientierte Störfallinformationen

Die Störfallverordnung (StörfallVO) schreibt vor, daß die möglicherweise von einem Störfall betroffenen Personenkreise sowie die Öffentlichkeit in geeigneter Weise und unaufgefordert über Sicherheitsmaßnahmen und das richtige Verhalten im Störfall zu informieren sind. Die Informationen sollten so beschaffen sein, daß

- das Verständnis über die Art der Anlagen gefördert,
- das Vertrauen in das Risikobewußtsein und die Vorsorgemaßnahmen des Betreibers nachhaltig erhalten oder verbessert und die Angst vor Störfällen möglichst gering gehalten wird,
- das Vertrauen in die Kontrolle und Einbindung der Behörden verbessert wird,
- Verhaltensmaßregeln im Störfall bewußt werden.

Nach der StörfallVO ist es erforderlich, entsprechende Anlagenwirkungen transparent zu machen. Ziel sollte die Umsetzung einer Angebotserhaltung durch die Anlagenbetreiber sein, mit der Informationen bereitgestellt und nicht zurückgehalten werden. Neben der Verpflichtung zur Vorsorgeinfomation bietet sich gleichzeitig die Chance zu demonstrieren, daß sich der Anlagenbetreiber der Verantwortung gegenüber den Mitmenschen und der Umwelt aus Überzeugung stellt und sich

Teil 2: Extern

nicht nur dem Willen des Gesetzes beugt [4].

Daher kann auch Betreibern nicht störfallrelevanter Anlagen im Sinne der StörfallVO geraten werden, dieses Instrument zur Aufklärung über die anlagenbezogenen Risiken der Produktion zur Steigerung des eigenen Firmenimages zu nutzen.

Kommunikation im Stoffstrommanagement

Um Produkte umfassend bewerten zu können, ist eine Betrachtung des gesamten Lebenszyklus in den verschiedenen Stufen der Produktion erforderlich. Alle Akteure, die an dem Produktionsprozeß und der Distribution beteiligt sind, müssen dazu Informationen über Zusammensetzung und Eigenschaften der Produkte weitergeben. Bisher fehlen solche Kommunikationsstrukturen zwischen Produzenten, Herstellern und Handel fast vollständig. Es müssen hierzu Managementmethoden, Informationsysteme und Beurteilungsmethoden geschaffen werden, die eine Kommunikation aller beteiligten Akteure im Produktionsprozeß ermöglichen (vgl. dazu Untersuchungen der Enquête-Kommission des Bundestages »Schutz des Menschen und der Umwelt« zum Thema Stoffstrommanagement in der Textilbranche [2] und des Umweltbundesamtes zur Möbelindustrie [6]).

In einer Studie für das Umweltbundesamt wird die Kooperation von Akteuren in der Wertschöpfungskette empfohlen [5] [6]. Eine strategisch orientierte Projektgruppe übernimmt die Koordination der nach Phasen zu unterscheidenden Aufgaben.

Öko-Steckbriefe für Produkte

Ein wesentliches Hindernis für die ökologische Produktauswahl liegt darin, daß Kunden nicht wissen, wie sie umweltfreundliche Produkte erkennen können. Produktbewertung und -kennzeichnung sind daher Möglichkeiten zur Information von Kunden und zum Eintritt in eine Verständigung über Verbesserungspotentiale.

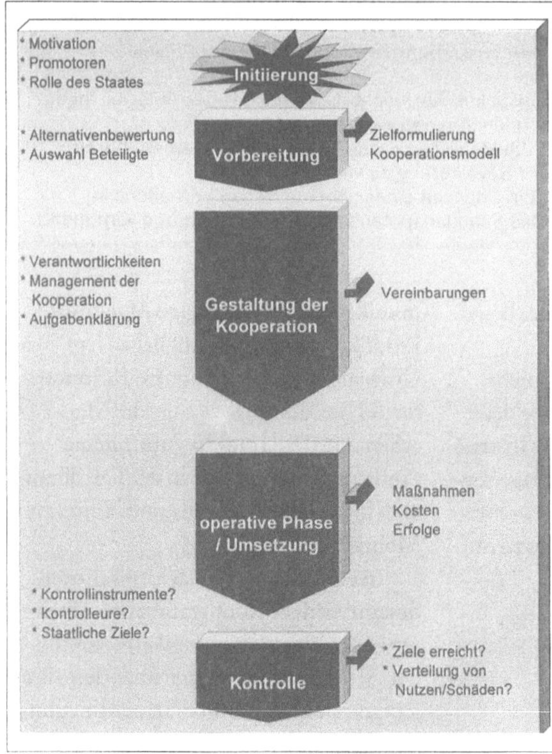

Abb. 4: *Gestaltung und Umsetzung des Stoffstrommanagements*

Kommunikationsaspekte im Stoffstrommanagement

Wesentliche Ergebnisse einer Untersuchung zum Stoffstrommanagement [6]:

- Einrichtung einer branchenbezogenen Koordinationsstelle für die Aufbereitung und Weiterleitung umweltbezogener Informationen,
- In den Phasen eines konkreten Stoffstrommanagements »Initiierung, Vorbereitung, Gestaltung der Kooperation, operative Phase und Kontrolle« liegen unterschiedliche Aufgaben, Kooperationstypen und Informationsbedarfe.

Der Kunde ist in vielen Fällen aufgrund der Informationsdefizite zwangsläufig von der Information über die Zusammensetzung und Risiken der Produkte ausgeschlossen.

Der Vorteil einer Information über die Umwelteigenschaften von Produkten liegen in der Schaffung eines möglichst objektiven Auswahlkriteriums für den Verbraucher. Aus diesem Grunde wird an

Folgelieferung Januar '99

Labels und Kennzeichnung für Produkte gearbeitet. Im Bereich Textilien gibt es beispielsweise bereits eine Vielzahl unterschiedlicher Öko-Label, die als Teil einer Öko-Marketingstrategie genutzt werden. Der Informationswert von Labeln ist allerdings häufig sehr unterschiedlich, je nach dem, welche Ziele damit verfolgt werden. Aufgrund des schon fast inflationären Gebrauchs von Öko-Labeln sind diese Informationen bei Verbrauchern nicht glaubwürdig. Labels schaffen somit nicht unbedingt mehr Transparenz, sondern führen leicht zu neuen Unsicherheiten bei Verbrauchern. Wesentlich für die Effektivität von Öko-Labeln sind nachvollziehbare Vergabekriterien und die Vergabe durch eine neutrale und akzeptierte Einrichtung.

Die in Unternehmen vorliegenden produktbezogenen Daten (zum Beispiel Produkt- und Sicherheitsdatenblätter) können als Öko-Steckbriefe zielgruppengerecht, komprimiert und allgemeinverständlich für Kunden, Umwelt- und Verbraucherverbände und andere externe Anspruchsgruppen aufbereitet werden. Derartige Informationen sollten aktiv an die Zielgruppen weitergegeben werden. Eine Aufforderung zur Rückmeldung oder zum Kommentar kann ein erster Schritt zur Kommunikation sein.

Verständigungsprozesse

In besonders konfliktträchtigen Themenfeldern mit erheblicher gesellschaftlicher Wirkung (z.B. Gentechnik, Chlorchemie oder Anlagengenehmigungen) kann es sinnvoll sein, direkt zwischen Unternehmen, Behörden und Verbänden über Probleme und Lösungsmöglichkeiten zu verhandeln. Wesentlich ist bei der Planung von Dialogen, daß der Zeithorizont, die Beteiligten und die Ziele des Verhandlungsprozesses im Vorfeld zwischen allen Beteiligten vereinbart und klar umrissen werden. Für die Moderation und Prozessbegleitung empfiehlt sich zur Steigerung der Glaubwürdigkeit die Einschaltung von neutralen Moderatoren oder Mittlern. So kann im Vorfeld bei allen Beteiligten größere Verfahrensakzeptanz geschaffen werden.

Beispielsweise hat der Industrieverband Körperpflege- und Waschmittel (IKW) den Dialog mit Umwelt- und Verbraucherorganisationen über Risiken und Nutzen von Waschmittelenzymen aus gentechnischer Produktion aufgenommen. Dabei stehen Fragen der Verbraucherinformation im Mittelpunkt. Die Beteiligten sind sich einig, daß Risiken und Nutzen aus verschiedenen Blickwinkeln beurteilt werden und die Verbraucher darüber informiert werden sollten. Dies dient der Meinungsbildung der Verbraucher, es kann die Glaubwürdigkeit der Unternehmen erhöhen.

> **Kommunikation mit Umwelt- und Verbraucherorganisationen**
>
> Wesentliche Ergebnisse des Verständigungsprozesses des Industrieverbands Körperpflege und Waschmittel mit Umwelt- und Verbraucherorganisationen zur Kennzeichnung von Waschmittelenzymen aus gentechnischer Produktion sind:
> - Die Information von Verbrauchern über Risiken und Nutzen von Waschmittelenzymen aus gentechnischer Produktion ist erforderlich.
> - Verschiedene Blickwinkel zur Beurteilung sollten transparent gemacht werden.
> - Die Kennzeichnung der Herkunft von Enzymen auf den Verpackungen ist sinnvoll und wird vom Verbraucher erwartet.

Gremien und Verbandsarbeit

Mittlerweile sind einige industrienahe Verbände institutionalisiert worden, die der Verständigung über umweltbezogene Standards und dem regelmäßigen Informationsaustausch zwischen Industrie und »Umweltszene« dienen. Zu diesen Verbänden gehören beispielsweise der Bundesarbeitskreis umweltbewußtes Management e.V. (B.A.U.M.), future e.V., die Umweltinitiative von Unternehme(r)n oder der Verband Unternehmensgrün.

Die Mitwirkung in solchen Gremien bietet die Gelegenheit, andere Blickwinkel kennenzulernen (andere Branchen, Konkurrenten, Umweltverbände). Außerdem kann gerade für KMU die Funktion eines internen ökologischen Frühwarnsystems (oder auch »Issue-Management«) wahrgenommen werden. Denn dort werden Informationen über zukünftige Tendenzen verbreitet und über deren Konsequenzen für die Unternehmen diskutiert.

Grenzen der externen Kommunikation

Zunächst erscheint es einleuchtend, daß die Durchführung einer breit angelegten Information und die Kommunikation zwischen den beteiligten Akteuren zu einem zusätzlichen Aufwand für Unternehmen führt.

Deutlich wird dies, wenn man eine gesamte Produktionskette von der Rohstoffgewinnung bis hin zum Endverbrauch eines Produkts betrachtet. Anforderungen der Kunden erzeugen eine Informationsnachfrage entlang der Herstellungskette. Der jeweils »stromaufwärts« gelegene Akteur in der Kette ist gefordert, die Nachfrage weiterzugeben und umgekehrt Informationen wieder »stromabwärts« in der Kette zurückfließen zu lassen.

Um die Kommunikation in einer Herstellungskette zwischen Produzent, Weiterverarbeiter, Handel und Kunden zu erreichen, bedarf es der Strukturierung und Organisation des Informationsflusses.

Gezielte Information und Kommunikation hat damit zur Voraussetzung, daß

Folgelieferung Januar '99

entsprechende organisatorische Verankerungen und Verantwortlichkeiten sowie eine gezielte strategische Ausrichtung vorhanden sind.

Qualifizierte Information wird nur möglich sein, wenn dem Informierenden alle notwendigen Informationen zur Verfügung stehen. Dies setzt voraus, daß entsprechende Rückendeckung von Entscheidungsträgern vorhanden ist und der Umweltschutz einen entsprechend hohen Stellenwert in dem Unternehmen besitzt. Dazu ist wichtig, daß Unternehmen klare Ziele des Umweltschutzes über Leitlinien und Ziele definieren und öffentlich zur Diskussion stellen. Über das Unternehmen hinaus heißt das auch, daß der Informationsfluß kettenübergreifend organisiert werden muß.

Gerade klein- und mittelständische Unternehmen (KMU) werden bei diesen erforderlichen Voraussetzungen Probleme haben, da sie nicht über die notwendigen organisatorischen Strukturen und finanziellen Mittel verfügen. Deshalb ist es in diesem Bereich notwendig, daß der Staat entsprechende Mittel und Programme zur Förderung der KMU bereitstellt.

Natürlich haben es Unternehmen, die über eine »weiße Weste« verfügen, leichter in der öffentlichen Diskussion als solche, die in der Vergangenheit bewußt Informationen zurückgehalten haben, oder befürchten müssen, daß durch Bekanntmachung von Umweltdaten strafrechtlich relevante Sachverhalte bekannt werden.

Dies sollte jedoch nicht dazu führen, daß überhaupt nicht oder falsch informiert wird. Bei einem schlechten Firmenimage kann die Auseinandersetzung und Verständigung über Ziele und Instrumente über den Weg der Kommunikation zum Aufbau von Vertrauen führen, während es im umgekehrten Fall zur Erhaltung, Stabilisierung und Weiterentwicklung sinnvoll und nötig sein kann.

....

Literatur

[1] BORNEMANN, S. und Willig, M. (1996): *Betriebliches Umweltmanagement braucht Umweltbeauftragte und Umweltmanager – Zukunftsorientierte Umweltqualifizierung für neue Managementaufgaben, Leverkusen*

[2] CLAUS, F.; DE MAN, R.; WIEDEMANN, P. (1994): *Interaktion der Hauptakteure innerhalb der textilen Kette. Die Organisation des ökologischen Stoffstrommanagements – Gestaltung der textilen Kette*

[3] CLAUS, F.; WIEDEMANN, P. (Hrsg.) (1994): *Umweltkonflikte – Vermittlungsverfahren zu ihrer Lösung, Taunusstein*

[4] CLAUS, F.; WIEDEMANN, P. et al (1993): *Anforderungen an Art und Umfang der Information der Bevölkerung in der Nachbarschaft störfallrelevanter Anlagen, UBA-Forschungsbericht 10409306, Texte-Reihe 34/93, Berlin*

[5] DE MAN, R. (1996): *Lernprozeß für Staat und Wirtschaft. Zwischenbilanz zum Erfolg des Stoffstrommanagements in Deutschland; in: Ökologisches Wirtschaften, Nr. 5/96, S. 10-12*

[6]   DE MAN, R.; CLAUS, F.; VÖLKLE, E.;
        ANKELE, K. UND FICHTER, K. (1997):
        *Aufgaben des betrieblichen und betriebs-
        übergreifenden Stoffstrommanagements.
        Endbericht F+E Vorhaben 103 50 302
        UFOPLAN im Auftrag des Umweltbundes-
        amtes, Berlin, Adviesbureau Voor
        Milieubeleid (Hrsg.), Leiden (NL)*

[7]   DEUTSCHES INSTITUT FÜR GÜTESICHERUNG UND
        KENNZEICHNUNGEN e.V. (Hrsg.) (1995):
        *Umweltzeichen. Produktanforderungen:
        Zeichenanwender und Produkte, St.
        Augustin*

[8]   DEUTSCHES INSTITUT FÜR NORMUNG (Hrsg.)
        (1996): *Leitfaden – Umweltberichte für
        die Öffentlichkeit, Berlin*

[9]   FICHTER, K.; CLAUSEN, J.; ALPERS, A.
        (1998): *Ranking 1997. Zusammenfassung
        der Ergebnisse und Trends, FUTURE e.V.
        (Hrsg.)*

[10]   FÖRDERKREIS UMWELT FUTURE e.V. (Hrsg.)
        (1994): *Umweltberichte – Umwelterklä-
        rungen. Hinweise zur Erstellung und
        Verbreitung, Osnabrück*

[11]   FÖRTSCH, G.; KRINN, H.; MEINHOLZ, H.;
        SEIFERT, E. (1996): *Umwelterklärung im
        Rahmen der EG-Öko-Audit-Verordnung,
        in: UWSF, Nr. 2/96, Villingen-
        Schwenningen, S. 104-106*

[12]   FREIMANN, J. (1997): *Umwelterklärungen:
        Imformatorische Öffnung im Rahmen des
        EU-Öko-Audit-Systems. Ergebnisse einer
        empirischen Analyse, in: Zeitschrift für
        Angewandte Umweltforschung,
        Jahrg. 10/97 Heft 2, Berlin, S. 187-197*

[13]   HANSEN, U. (Hrsg.) (1995): *Verbraucher-
        und Umweltorientiertes Marketing,
        Stuttgart*

[14]   KPMG – Deutsche Treuhand-Gesell-
        schaft Ag Wirtschaftsprüfungsgesellschaft
        (Hrsg.) (1996): *Umweltberichterstattung
        in Deutschland; Hamburg*

[15]   LINDLOFF, K.; GREMLER, D. (1997): *Forum
        Recyclingpapier bei grafischen Papieren.
        Ein Kommunikationsprojekt zur Förderung
        des Einsatzes von Recyclingpapier, in:
        UmweltWirtschaftsForum, Berlin,
        S. 100-103*

[16]   ÖKO-INSTITUT (Hrsg.) (1998): *Unter-
        nehmen Umwelt: Die Umwelterklärungen
        deutscher Unternehmen im Vergleich.
        Werkstattreihe Nr. 105, Freiburg*

[17]   OSSENBÜHL, F. ; VON DANWITZ, T. (1995):
        *Umweltpflege durch hoheitliche Produkt-
        kennzeichnung, in: Recht – Technik –
        Wirtschaft, 72, Köln*

[18]   PEGLAU, R. (1996): *Corporate Environ-
        mental Reports,* UMWELTBUNDENSAMT
        (Hrsg.), *Berlin*

[19]   RATIONALISIERUNGS-KURATORIUM DER
        DEUTSCHEN WIRTSCHAFT (Hrsg.) (1997):
        *Der Weg zur besten Umwelterklärung.
        Methoden, Tips, Beispiele, Eschborn*

[20]   ROLKE L.; ROSEMA, B.; AVENARIUS, H.
        (Hrsg.) (1994): *Unternehmen in der
        ökologischen Diskussion, Opladen*

[21]   SACHVERSTÄNDIGENRAT FÜR UMWELTFRAGEN
        (1998): *Umweltgutachten 1998, Stuttgart*

[22]   SCHMALLENBACH, J. (1995): *Risikokommu-
        nikation: Krisensituationen erfolgreich
        bewältigen;* GESELLSCHAFT FÜR UMWELTTECH-
        NIK UND UNTERNEHMENSBERATUNG mbH
        (Hrsg.), Berlin

[23]   VERBAND DER CHEMISCHEN INDUSTRIE
        (1994): *Sustainable Development –
        Position der chemischen Industrie*

[24]   VOLLMER, S. (1995): *Umwelterklärung:
        Anforderungen – Hintergründe –
        Gestaltungsoptionen, Berlin*

Zusammenfassung

Voraussetzungen für externe Umweltkommunikation sind:

- Entwicklung, Festschreibung und Veröffentlichung von klaren und überprüfbaren (Umweltschutz-)Zielen.
- Umweltbezogene Marketingstrategien müssen jederzeit durch Fakten überprüfbar sein. Rein plakative »Ökokampagnen« werden gerade auf sensiblen Märkten nicht zu einem dauerhaften Erfolg führen.
- Einrichtung von Informations- und Monitoringsystemen zu umweltrelevanten Daten und Nutzung externer Datenbanken.

Bei der Vorbereitung und Umsetzung sollten folgende Punkte berücksichtigt werden:

- Die Zielgruppen der Information und die Erwartungshaltung der beteiligen Akteure eines Dialogs sollten im Vorfeld identifiziert werden. Entsprechend den Ergebnissen sollten die geeigneten Kommunikationswege angesprochen werden (Interessenanalyse).
- Grundsätzlich sollte mehr Information als rechtlich vorgeschrieben gegeben werden. Die Einhaltung rechtlicher Anforderungen ist selbstverständlich. Eine Betonung dieses Sachverhaltes erzeugt eher Mißtrauen als Vertrauen. Störungen, Unfälle und Strafverfahren sollten veröffentlicht werden.
- In regelmäßigen Abständen sollte überprüft werden, ob die gegebenen Informationen verstanden und akzeptiert werden.
- Kommunikation statt Einweg-Information. Wichtig ist, daß allen beteiligen Akteuren die Chance für einen Austausch der eigenen Positionen, Erwartungshaltung und vor allem auch des eigenen Wissens ermöglicht wird. Bei besonders konfliktträchtigen Themen empfiehlt sich bei der Organisation und Durchführung eines Verständigungsprozesses die Einschaltung eines neutralen Dritten als Moderator.

Sektion 03, Taktisches Umweltmanagement

03.01 **Aufbau- und Ablaufkontrolle**
von MANFRED SCHREINER UND FRANK EBINGER
(Stand: April '96)

03.02 **Schnittstellenmanagement**
von MAXIMILIAN GEGE UND ANDREAS DAMKE
(Stand: September '95)

03.03 –
03.04 Zur Zeit nicht besetzt

03.05 **Störfallmanagement**
Teil 1: Interne Organisation
von GEORGIOS RADOGLOU
(Stand: April '97)
Teil 2: Externe Informationspflichten
von ALFRED SANDNER
(Stand: April '97)

03.06 **Umweltriskmanagement**
von CHRISTIOPH EIPPER
(Stand: Januar '99)

03.07 **Genehmigungsmanagement**
Teil 1: Behördliche Akzeptanz
von PETER-MICHAEL VALET
(Stand: August '97)
Teil 2: Industrielle Durchführung
von JOSEF REUTER UND JOACHIM HASELBACH
(Stand: August '97)

Umweltriskmanagement

Umweltriskmanagement basiert auf der Frage »Was passiert, wenn was passiert?«. Ziel ist es, Risiken zu erkennen, sie entsprechend den Maximen des Unternehmens zu bewerten, um sie dann effizient zu mindern sowie Handlungsprioritäten für die Maßnahmensteuerung durch ein Umweltmanagementsystem festzulegen.

Stichworte: Umweltrisiken; Schadenpotential; Umweltrisikosituation von Unternehmen; Umweltrechtliche Situation; Umwelthaftpflicht; Bewertung von Umweltrisiken; Risikoorientierte Schwachstellenanalyse; Auswirkungen von Bränden; Potentielle Umweltschadensfolgen; Risikopotentiale am Standort; Riskmanagementprozeß; Klassische Risikobewältigung; Optimierte Risikobewältigung; Ausschlußklauselkatalog der Umwelthaftpflichtversicherung; Überwälzung von Restrisiken.

Folgelieferung Januar '99

CHRISTOPH EIPPER

Die Umweltrisiken des Unternehmens

Der Umgang mit Umweltrisiken beruht auf der Gegenüberstellung von betrieblichen Umwelteinwirkungen auf den Standort sowie die Umgebung des Unternehmens mit der Empfindlichkeit des betroffenen Standortes und den hierbei zu erwartenden Auswirkungen (Schadenpotential).

Wichtige Schnittstellen sind:

- die »Umwelt-Haftpflichtversicherung« mit der Möglichkeit der Überwälzung von Risiken und deren Drittschadenspotential, die das Unternehmen nicht selbst tragen kann und
- das Umweltmanagement, in dessen Aufbau das Riskmanagement inte-

In diesem Beitrag erfahren Sie:
- Was Sie tun können, um zu einer realistischen Einschätzung der Umweltrisiken des Unternehmens zu kommen.
- Welche typischen Schwachstellen die Anlagen und Tätitigkeiten in KMU aufweisen.
- Welche Schäden über Umweltpfade entstehen können.
- Wie sich die klassische Risikobewältigung von der optimierten Risikobewältigung unterscheidet.
- Mit welchen Arbeitsschritten Sie ein Umweltriskmanagement in Ihrem Unternehmen umsetzen können.

griert werden muß, damit Risikoveränderungen (beispielsweise neue Anlagen, Stoffmengenveränderungen etc.) rechtzeitig erkannt werden sowie Reaktionsmuster im Rahmen der Aufbau- und Ablauforganisation institutionalisiert werden. Umweltriskmanagement darf keine »Einmal-Aktion« sein.

Umweltriskmanagement ist erst dann erfolgreich, wenn man sich im Unternehmen der Risiken auch bewußt ist. Dies ist leider keine Selbstverständlichkeit. Umweltrisiken werden im allgemeinen dramatisch unterschätzt (lesen Sie hierzu auch Kapitel 02.03 Teil 2).

Der nachfolgende Überblick über Umweltrisiken soll den Blick für den Focus des Umweltriskmanagement schärfen. Der weitere Text beschäftigen sich dann mit der praktischen Lösung der gestellten Aufgaben.

Empirische Daten zur Umweltrisikosituation von Unternehmen

Fragt man Unternehmen nach einer Selbsteinschätzung der eigenen Haftungsrisiken für Umweltschäden, zeigt sich ein optimistisches Bild. Zwei Drittel aller Unternehmen mit weniger als 50 Mitarbeitern halten ihre Umwelthaftungsrisiken für »gering« und »sehr gering«. In den weiteren befragten Betriebsgrößenklassen von bis zu 2000 Beschäftigten schwankt die Anzahl der vermeintlich haftungsarmen Unternehmen um die 50 Prozent-Marke [7].

In einer anderen Studie [6] wurden Unternehmen unterschiedlicher Branchen und Größenordnungen hinsichtlich ihrer Einstellung zu freiwilligem und innovativem Umweltschutz befragt. Es wurde dabei unter anderem festgestellt, daß 86,5 Prozent der befragten Unternehmen erst im Zuge des rechtlichen Zwanges in Sachen Umweltschutz aktiv werden. Die Unternehmen agieren also nicht, sie reagieren.

Umweltrechtliche Situation

Die Vornahme eines umweltrechtlichen Soll-Ist-Abgleichs (Compliance-Audit) erbrachte das Ergebnis, daß ca. 90 Prozent der untersuchten Betriebe den umweltrechtlichen Anforderungen nicht entsprechen [1]. Dabei tritt neben den »einfachen« Verstoß gegen einschlägige technische Regeln, wie beispielsweise der Altöllagerung gemäß den Maßgaben der TRbF 143 bzw. 200 und 210, vor allem im Abfallbereich und beim Betrieb genehmigungsbedürftiger Anlagen häufig auch umweltstrafrechtswidriges Handeln (§§ 325, 326, 327 StGB) (lesen Sie hierzu auch Kapitel 02.07 Teil 1).

Betriebliche Dokumentation umweltrelevanter Vorgänge

Aktuelle Informationen zum Betrieb und eine funktionierende Dokumentation umweltrelevanter Vorgänge sind allein schon zur Vermeidung der Ursachenvermutung nach § 6 Abs. 2 UmweltHG unabdingbar.

Die Dokumentation umweltrelevanter Vorgänge im Unternehmen wird jedoch

Tabelle 1: Anteil der Unternehmen, die umweltschutzrelevante Vorgänge dokumentieren [7]

Unternehmensgröße	Unternehmen, die umweltschutzrelevante Vorgänge dokumentieren
1 – 49	16,7
50 – 99	26,7
100 – 199	30,00
200 – 499	42,3
400 – 2000	66,7

nur sehr eingeschränkt wahrgenommen [7]. Wie Tabelle 1 zeigt, sind Dokumentationsmängel von der Größe der Betriebe abhängig.

Umwelthaftpflichtrelevanter Zustand verschiedener Anlagen

Während die bisherigen Fakten noch recht wenig greifbar scheinen, zeigt sich bei einem Blick auf die umweltschutztechnische Zustandsbewertung von konkreten Anlagen, daß sich Unternehmensleitungen dezidiert mit ihrer Umweltrisikosituation auseinandersetzen müssen. In Tabelle 2 ist für ausgewählte Anlagen und Anlagengruppen eine Auswertung von Unternehmensanalysen aus unterschiedlichen Branchen wiedergegeben, die auf versicherungstechnischen Bewertungen beruht.

Auffallend und aus Unternehmersicht verständlich ist der meist gute Zustand aller Produktions- und Bearbeitungsanla-

gen. Im Gegensatz hierzu schneidet der gesamte Bereich der Entsorgung (z.B. Abfallzwischenlagerung oder Kanalisation) fast durchgehend schlecht ab.

Beim Vergleich von Untersuchungen aus den Jahren 1990 bis 1994 mit dem Zeitraum von 1995 bis 1998 weist die Datenlage zwar eine allgemeine Verbesserung der Umweltschutzsituation bei den KMU aus. Allerdings ist zu unterscheiden zwischen dem Greifen rechtlicher Anforderungen (Transformatoren nach PCB-Verbots-VO oder Tankstellen bei denen die neue TRbF 40 beginnt zu greifen) und einem bemerkbaren Trend hin zum umweltbewußteren Anlagenbetrieb.

In Tabelle 3 sind typische Unzulänglichkeiten für die oben dargestellten Anlagen und Tätigkeiten genannt, die zu drittschadensrelevanten Risiken führen können.

Ein besonders wichtiger Aspekt des Umweltriskmanagements ist die Gefahrenvorsorge. Hierbei zeigen sich in den Unternehmen dann klare Know-How-Defizite, wenn selbst technisch einfache und kostengünstige Einrichtungen, wie beispielsweise Notfallschieber im Hauptkanal vor der Übergabe in die kommunale Kanalisation oder den natürlichen Vorfluter, nicht genutzt werden.

Aber auch im Bereich des Brandschutzes stößt man auf brisante Risiken. Dabei treten neben die Umweltauswirkung im Brandfall (Brandgaswolken, Anfall von

Tabelle 2: Bewertung der Umweltrisiken ausgewählter Anlagen bei KMU

Anlagen-gruppe	Anlagenart	Risiko erhöht[1] oder zu hoch[2] (%)			
		1990-1994 [1]	1995-1998	+/- [3]	%-Abw.[4]
Produktion	Produktionsmaschinen	32,0	34,3	2,3	7,2
Energie	Gebäudeheizung	17,4	0,0	– 17,4	– 100,0
	Kompressoren	29,1	25,0	– 4,1	– 14,1
	Transformatoren	25,0	0,0	– 25,0	– 100,0
Umgang mit wasserge-fährdenden Stoffen	Behandlungsanlagen (Härterei, Oberflächen-behandlung, etc.)	34,3	20,0	– 14,3	– 41,7
	Eigenbedarfs-tankstellen	85,0	73,7	– 11,3	– 13,3
	Lagerhallen und -räume für wasser-gefährdende Stoffe (wS)	58,9	49,2	– 9,7	– 16,5
	Ölraum	57,2	50,1	– 7,1	– 12,4
Kraftfahr-zeugbetrieb	Fuhrpark	50,0	6,6	– 43,4	– 86,8
	Wagenwaschplatz	47,0	35,3	– 11,7	– 24,9
Abfall- und Reststoffe	Abfallagerung	52,4	42,1	– 10,3	– 19,7
	Altöl	80,0	80,0	0,0	0,0
	Leergutlagerung	69,3	83,2	13,9	20,1
	Kanalisation	75,0	64,5	– 10,5	– 14,0

Erläuterungen:

[1] Anlagen, die sichere Emissionen umweltgefährdender Stoffe aufweisen (Entwicklungsrisiken),
   – nicht einsehbare Lager- und Transporteinrichtungen für umweltgefährdende Stoffe beinhalten (z.B. unterirdische Slop-Tanks) und
   – technisch nicht abänderbare Risiken besitzen und damit die Notwendigkeit der ständigen Überwachung besteht (z.B. Eingangskontrolle bei Deponien).
[2] Anlagen, deren Betrieb unausweichlich zu schädlichen Folgen führt, bzw. die rechtswidrig betrieben werden
[3] Unterschied in Prozentpunkten (1990-94: 42 Betriebsstandorte; 1995-98: 28 Betriebsstandorte)
[4] Anteil der Risikostufen 4 und 5 an allen Bewertungsstufen (1-sehr gering bis 5-überhöht)

kontaminiertem Löschwasser) auch wichtige wirtschaftliche Risiken. Nur ein Viertel der Unternehmen, die einen größeren Brandschaden hatten, kam nach dem Brand wieder voll auf die Beine (Übersicht in Tabelle 4).

Folgelieferung Januar '99

Tabelle 3: Typische Schwachstellen bei Anlagen und Tätigkeiten in kleinen und mittleren Unternehmen (KMU) [2]

Anlagengruppe	Anlagenart	Risikoschwerpunkte
Produktion	Produktions-maschinen	unnötige Arbeitsmengenlagerung; ungeschützte Bodeneinläufe vorhanden
	Werkstätten (allgemein oder Kfz-Wartung/Instand-haltung)	unsachgemäße Lagerung sowie Ab- und Umfüllen von wassergefährdenden Stoffen (Fette und Öle)
Energie-versorgung	Gebäude-heizung	ungesicherte Aufstellung mobiler Aggregate; »freie« Versorgungsleitungen
	Kompressoren	unzulässige Kondensatentsorgung (Ablauf in Kanalisation, Beimischung zu Altöl etc.)
	Prozeßdampf, -öl	Druckleitungen ohne Überwachungsprotokoll
	Transformator	Einsatz PCB-haltiger Öle
Umgang mit wassergefähr-denden Stoffen	Behandlungsanlagen (Härterei, Oberflächenbehandlung, Filteranlagen etc.)	fehlende Auffang- und Rückhalteeinrichtungen; unsachgemäßer LCKW-Einsatz
	Eigenbedarfs-tankstellen	technisch Ausstattung entspricht nicht TRbF 40 (i.d.R. fehlender Rammschutz; ungesicherter Wirkbereich etc.)
	Lagerhallen und -räume für wasser-gefährdende Stoffe	Lagerausstattung nicht entsprechend VAwS und TRbF; Mißachtung von Zusammenlagerungs verboten; unsachgemäße Zwischenlagerungen; Lagerung im Verkehrsbereich; fehlende Schulung
	Ölraum (Lagerung von Ölen und Schmierfetten)	vgl. Lagerung wassergefährdende Stoffe; ungeschultes Personal (insbesondere in der Bauwirtschaft)

Der betroffene natürliche Standort

Neben den Umweltrisiken aus Tätigkeiten und Anlagen müssen die potentiellen Umweltschadensfolgen betrachtet werden. Hierzu hinterfragt man die Umweltbelastungspfade hinsichtlich der im Normalbetrieb oder Störfall auslösbaren Schäden (lesen Sie zur Definition von Umweltschaden auch Kapitel 02.03 Teil 2).

Tabelle 3: Typische Schwachstellen bei Anlagen und Tätigkeiten in kleinen und mittleren Unternehmen (KMU) [2] (Fortsetzung)

Anlagengruppe	Anlagenart	Risikoschwerpunkte
Kraftfahrzeug-betrieb	Fuhrpark	Abstellen und Wartung der Fahrzeuge auf unbefestigten Flächen
	Wagenwaschplatz	fehlende Abscheideanlagen; Flächen sind nicht flüssigkeitsdicht ausgestattet
Abfall- und Reststoffe	Abfallagerung	Lagerung nicht entsprechend den stofflichen Gefahrenmerkmalen
	Altöl	Lagerung nicht entsprechend TRbF; unsachgemäßes Ab- und Umfüllen
	Kanalisation	überaltert; keine Eigenkontrolle; keine Dichtigkeitsprüfungen; hydraulische Überlastung bzw. fehlende Auslastung
	Leergutlagerung	vgl. Abfallagerung; es gibt keine »leeren« Gebinde; unbefestigte Flächen

Tabelle 4: Auswirkungen von Bränden auf die Unternehmensproduktion (Quelle: Wirtschaftswoche, Nr.18/24.04.1997)

Von den Betriebsstätten, die einen größeren Feuerschaden hatten, ..

... sind wieder voll betriebsfähig	23%
... fusionieren oder werden aufgekauft	6%
... sind innerhalb von drei Jahren aus dem Geschäft	28%
... nehmen den Betrieb nie wieder auf	43%

Wichtige Schäden, die über die Umweltpfade entstehen können sind zum Beispiel.:

■ Kontamination von Grund- und Oberflächenwässern, die sich in Nutzung befinden (Brunnen, Fischgewässer, etc.),

■ Luftschadstoffe, die Schäden in Wohngebieten, landwirtschaftlichen Nutzflächen oder bei Nachbarbetrieben hervorrufen oder

■ Bodenkontaminationen mit der Folge der Nutzungsbeeinträchtigung.

Für die Ermittlung dieses standortbezogenen Schadenpotentials sind die folgenden Standortfaktoren zu beurteilen (lesen Sie hierzu auch Kapitel 04.10):

■ die pedologischen Faktoren, also die Böden in ihrer Belastbarkeit bzw. Empfindlichkeit und in ihrer Übernahme von Schutz- und Nutzfunktionen,

■ die hydrogeologischen Faktoren, also die Charakteristika des Untergrundes mit ihren Auswirkungen auf Qualität und Quantität sowie Schutz des

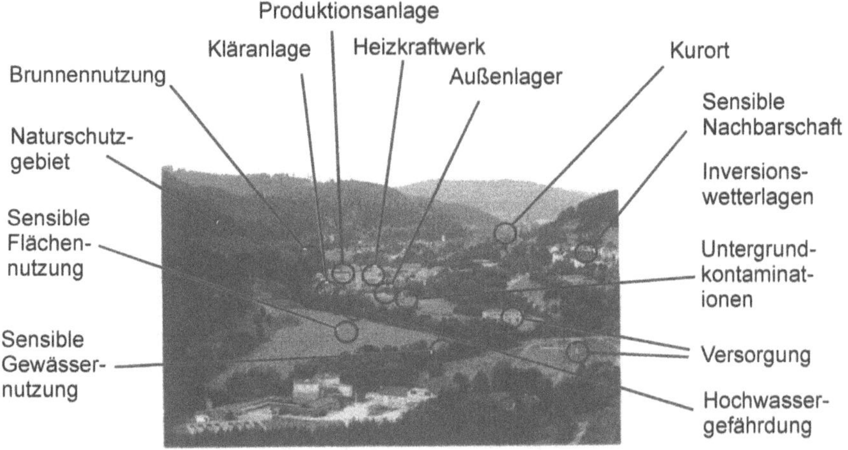

Abb. 1: *Beispiele für Risikopotentiale am Standort des Unternehmens*

Grundwassers und den möglichen Kontaminationsfolgen,

- die Oberflächengewässer nach ihrer ökologischen Wertigkeit und Belastbarkeit,
- die klimatischen Faktoren mit ihrem Einfluß auf Verdünnung (z.B. gute durchlüftung) oder Konzentration von Schadstoffen (z.B. Tallagen oder häufige Inversionswetterlagen),
- die Biosphäre, also Flora und Fauna sowie
- die Nutzung durch den Menschen.

Abbildung 1 zeigt für einen beispielhaften Standort solche Risikopotentiale.

Der Umgang mit betrieblichen Umweltrisiken

Riskmanagement stellt ein maßnahmenorientiertes Werkzeug dar, das betriebliche Schwachstellen aufdecken soll und dem Unternehmen ein schnelles Gegensteuern ermöglicht. Neben diese vorbeugende Gefahrenabwehr tritt die geordnete Reaktion im Störfall (lesen Sie hierzu auch Kapitel 03.05 Teil 1 und 2).

Im Riskmanagementprozeß werden insbesondere Abweichungen vom technischen und rechtlichen Sollzustand geprüft. Alle erkannten Risiken werden zusammengestellt und nach ihrem Schadenpotential bewertet. Entsprechend der sich ergebenden Prioritätenliste schreitet das Unternehmen zur Umsetzung der Problemlösungen.

Der Riskmanagementprozeß

Der Riskmanagementprozeß basiert auf den zentralen Schritten:
— Identifizieren der Risiken,
— Bewerten der Risiken,
— Bewältigen der Risiken.

Abbildung 2 gibt diesen klassischen Weg der Risikobewältigung wieder.

Die Risikobewältigung umfaßt hierbei vier Komponenten:
— *Vermeiden des Risikos* (z.B. Anlagenstillegung, Substitution von gefährlichen Stoffen),

— *Vermindern der Risiken* (z.B. Emissionsminderung durch end of pipe technologies oder integrierte Umweltschutztechniken, Mitarbeiterschulung),
— *Überwälzen der Risiken* auf eine Risikogemeinschaft (normalerweise Versicherungsschutz),
— *Selbst Tragen der Risiken.*

Aktives Umweltriskmanagement läßt hier jedoch noch wichtige Optimierungen vornehmen und eröffnet Lösungsmöglichkeiten für das Spannungsverhältnis zwischen begrenzter Versicherbarkeit von Umwelthaftpflichtrisiken und Sicherheitsbedürfnis des Unternehmens. Ein solcher Opti-

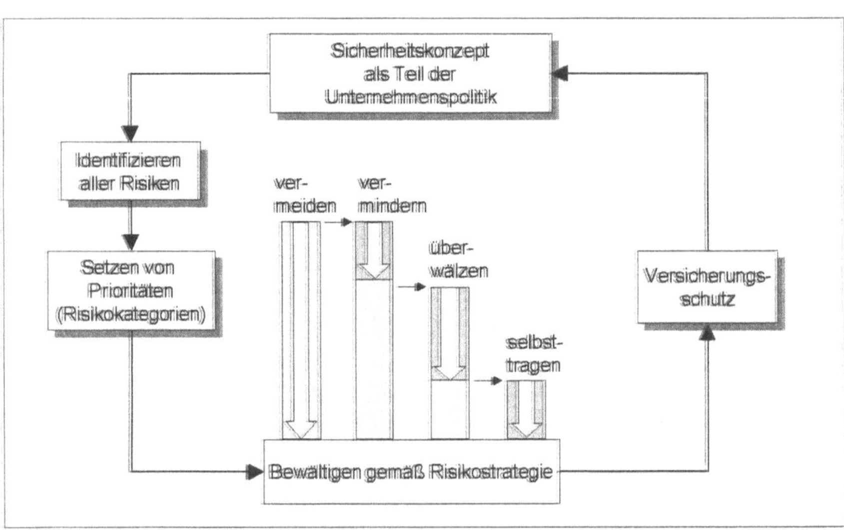

Abb. 2: *Der klassische Weg der Risikobewältigung [4]*

Umweltriskmanagement

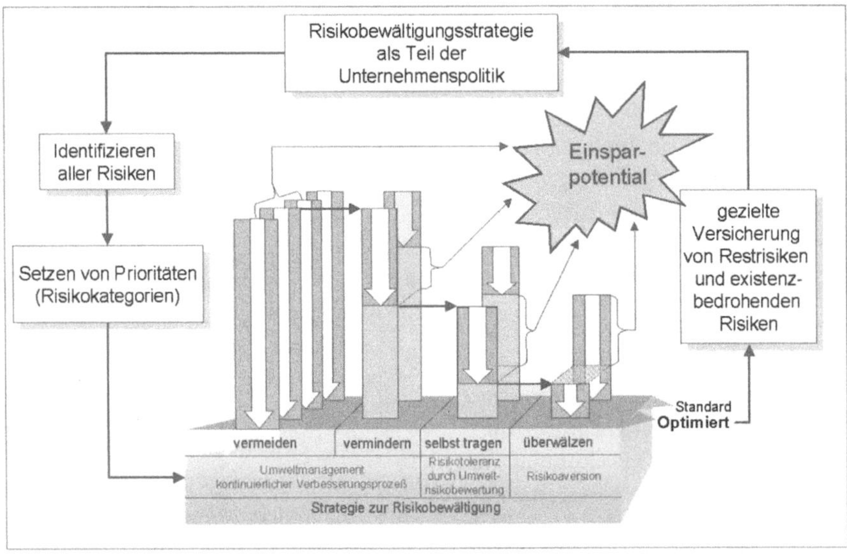

Abb. 3: *Optimierte Risikobewältigung durch Umweltriskmanagement*

mierungsprozeß ist in Abbildung 3 dargestellt.

Die *optimierte Risikobewältigung* fußt zwar ebenfalls auf den genannten vier Komponenten, es erfolgt jedoch eine ausgeweitete Informationserfassung und -bewertung. Die ersten beiden Komponenten (Risikovermeidung und -verminderung) werden geprägt durch den Umweltmanagementprozeß. Die Durchleuchtung aller Produktionsprozesse und betrieblichen Abläufe verbunden mit dem Anspruch der kontinuierlichen Verbesserung der Umweltschutzleistungen bringt dem Betrieb eine Steigerung bei der Erkennung der Vermeidungs- und Verminderungspotentiale.

Die belastbare Abschätzung der potentiellen Umweltschadensfolgen verschafft der Geschäftsleitung einen weitaus größeren Spielraum für das Selbst Tragen von Risiken. Die Umweltrisikobewertung steigert somit durch Kenntniszuwachs die Risikotoleranz.

Schließlich verbleiben die kaum kalkulierbaren Restrisiken bzw. existenzbedrohende Risiken der Überwälzung (i.d.R. Versicherungsschutz).

Die praktische Umsetzung des Umweltriskmanagements in Ihrem Unternehmen

Wie gehen Sie nun in Ihrem eigenen Unternehmen vor? Abbildung 4 erläutert den generellen Ablauf der Arbeitsschritte. Die einzelnen Arbeitsschritte umfassen folgende Tätigkeiten:

Arbeitsschritt 1: risikoorientierte IST-Analyse

Zentrale Bedeutung hat die risikoorientierte IST-Analyse des Unternehmens. Im Rahmen der Ersten Umweltprüfung des Unternehmens haben Sie zwar eine vergleichbare Bestandsaufnahme vorgenommen; Sie sollten jedoch nochmals an Hand der vorgestellten empirischen Daten zur betrieblichen Umweltschutzsituation prüfen, ob Sie tatsächlich eine komplette Betrachtung durchgeführt haben.

Resultat dieses Arbeitsschrittes ist eine risikoorientierte Schwachstellenanalyse.

Arbeitsschritt 2: Umweltbelastungspfade

Für alle zuvor festgestellten umweltrelevanten Tätigkeiten und Anlagen sind nun die verschiedenen Belastungspfade zu betrachten. Tabelle 5 gibt Ihnen hierfür ein Hilfsmittel für die praktische Arbeit im Betrieb an die Hand.

Diese Arbeit sollten Sie mit dem Umweltbeauftragten des Unternehmens und den betroffenen Mitarbeitern durchführen.

Eine solche Diskussion hat folgende Vorteile:

- Ermittlung von Umweltbelastungspfaden aus verschiedenen Blickwinkeln,
- Sensibilisierung der Mitarbeiter für die potentiellen Umweltfolgen ihrer Tätigkeit und
- Aufdecken von bisher unbekannten Risikopotentialen (wie z.B. riskante »Arbeitserleichterungen« beim Gefahrstofftransport).

Auf jeden betriebliche Standort wird direkt und indirekt eingewirkt. In Verbindung von betrieblicher Ausstattung und den betroffenen Umweltsphären können wichtige potentielle Emissionen und ihre Ausbreitungswege wie folgt gegliedert werden (lesen Sie hierzu auch die Beispiele aus Tabelle 5):

- Emissionen über den Luftpfad,
- Emissionen über den Bodenpfad,
- Emissionen über den Wasserpfad.

Neben diesen stofflichen Umwelteinwirkungen können auch physikalische Einwirkungen ausgegliedert werden.

Die Arbeitstabelle (Tabelle 5) nennt für die verschiedenen Umweltmedien (Spalte 1) und den zugehörigen Umweltpfaden (Spalte 2) Beispiele (Spalte 3), damit Sie sich den Hintergrund besser vorstellen können. Tragen Sie in den Tabellensatz die Beschreibung der betrachteten umweltrelevanten Tätigkeit oder Anlage

Umweltriskmanagement

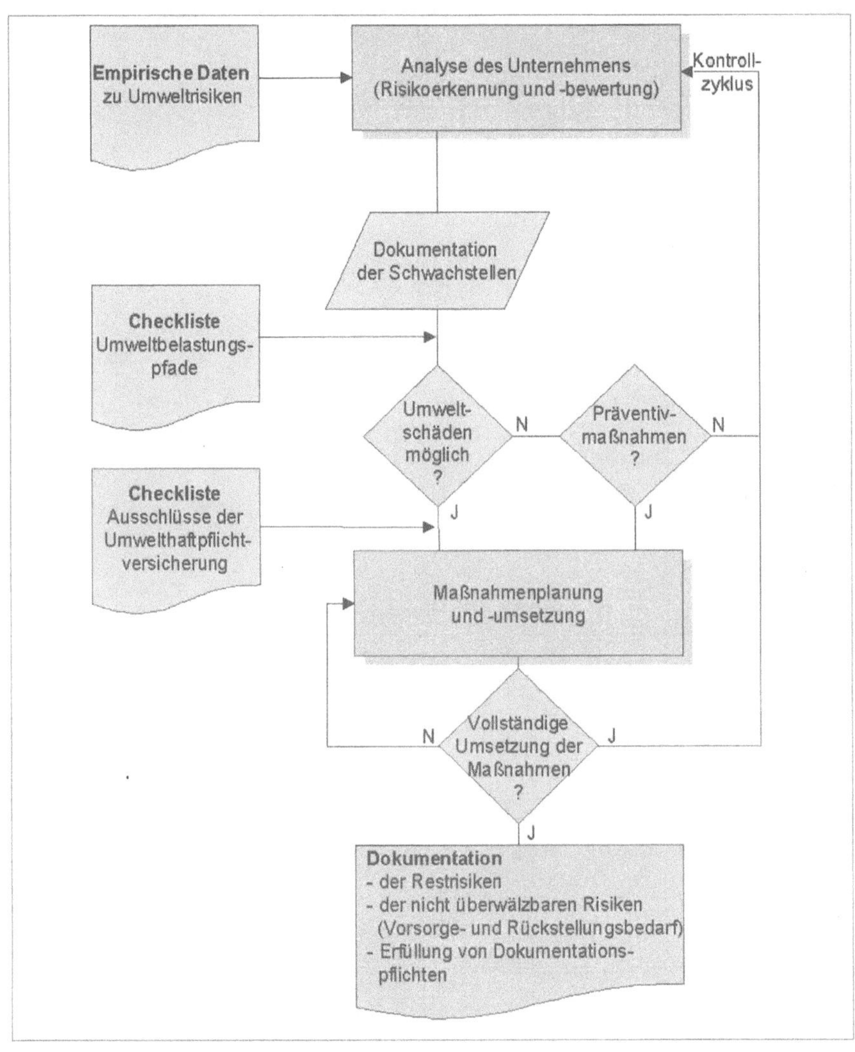

Abb. 4: *Der Riskmanagementprozeß*

Folgelieferung Januar '99

Tabelle 5: Checkliste zur Ermittlung der Umweltrisiken aus Anlagen und Tätigkeiten (Fortsetzung)

1	2	3	4		5	6
Medium	direkte Belastung oder Belastungs- pfad	Beispiel	Anlage - Betriebsbereich - Tätigkeit .... lfd. Nr. Beschreibung		Umwelt- belastungs- folgen und Gegenmaß- nahmen	ge- prüft
Luft	direkt	– Abluft aus hierfür vorgesehenen Einrichtungen – diffuse Abluft aus Produktions- anlagen und -gebäuden – Freisetzungen aus Lager- haltungen (auch Abfälle) – Störfallfolgen (Verpuffungen, Entstehen und Freisetzen von Stoffen u.ä.) – Freisetzungen aus kontami- nierten Böden und Gewässern				
	Luft⇨ Boden Luft ⇨ Boden ⇨ Grundwasser Luft ⇨ Boden ⇨ Grund- wasser ⇨ Oberflächen- gewässer	nasse oder trockene Deposition von Emissionen, die sich auf Böden niederschlagen und von dort über Auswaschung ins Grundwasser gelangen (mögliche Infiltration in Vorfluter) oder durch Überspülungen (Hoch- wasser) direkt ins Gewässer gelangen				

Tabelle 5: Checkliste zur Ermittlung der Umweltrisiken aus Anlagen und Tätigkeiten (Fortsetzung)

Boden	direkt	– Auslaufen und Versickern während Lagerung, Transport, Ab- und Umfüllen von wasser- und umweltgefährdenden Stoffen – Versagen von Rückhalte und Abscheideeinrichtungen – im Boden verlegte bzw. nicht gesicherte oberirdische Leitungssysteme – Überspülen mit kontaminierten Wässern (Löschwasser, Hochwasserereignisse u.ä.) – Interflow (Hangzugswasser) – aufsteigende Gase oder gelöste Stoffe aus Untergrundkontaminationen oder belastetem Grundwasser – Schadstoffdeposition über den Luftpfad		
	Boden⇒Luft Boden⇒ Grundwasser Boden⇒ Grundwasser ⇒Oberflächengewässer	flüchtige Bestandteile aus Bodenkontaminationen entweichen in die Umgebungsluft (Deponien) oder werden ausgewaschen ins Grundwasser, welches auch in den Vorfluter infiltrieren kann		
Wasser	direkt	– direkte Einleitungen in den Vorfluter bzw. ins Grundwasser – indirekte Einleitungen über die kommunale Kanalisation mit Gefährdung der kommunalen Kläranlage und nachfolgender Abgabe in den Vorfluter		

03.06

Tabelle 5: Checkliste zur Ermittlung der Umweltrisiken aus Anlagen und Tätigkeiten (Fortsetzung)

1	2	3	4		5	6
Medium	direkte Belastung oder Belastungs-pfad	Beispiel	Anlage - Betriebsbereich - Tätigkeit	lfd. Nr. Beschreibung	Umwelt-belastungs-folgen und Gegenmaß-nahmen	ge-prüft
Wasser		– Kontamination von abfließen-dem Tagwasser (Niederschläge) – Kontamination von Hochwasser bei Überspülung des Firmen-geländes – Untergrundkontaminationen die im Grundwassertiden-bereich liegen – Leitungssysteme im Grund-wassertidenbereich				
	Oberflächen-wasser⇨ Grundwasser Oberflächen-wasser ⇨ Boden Oberflächen-wasser ⇨ Boden⇨ Klima Oberflächen-wasser⇨ Klima	In stehende oder fließende Gewässer eingeleitete Schad-stoffe werden über Exfiltration ins Grundwasser ausgetragen oder durch Überspülung in Böden ein-geschwemmt. Der Austrag in die Atmosphäre erfolgt z.B. durch Verdunstung oder Verwehung				

Tabelle 5: Checkliste zur Ermittlung der Umweltrisiken aus Anlagen und Tätigkeiten (Fortsetzung)

physikalische Einwirkungen	direkt	
		– Bodenversiegelung, Bodenverdichtung
		– Wasserentnahme aus dem Vorfluter bzw. dem Grundwasser
		– Wasserabgabe in den Vorfluter bzw. das Grundwasser
		– Temperaturveränderung von Vorfluter bzw. Grundwasser

ein (Spalte 4) und prüfen Sie, welche Schadensfolgen möglich sind (Spalte 5). Spalte 6 dient abschließend der Kontrolle, ob Sie alle Umweltpfade durchdacht haben.

Nehmen Sie anschließend eine Gewichtung der Schadensfolgen nach potentiellen Schadenshöhen vor. Hierbei spielt zwar die monetäre Bewertung eine wichtige Rolle, aber es hat sich gezeigt, daß öffentlichkeitswirksame Belastungen oder Schäden für die Unternehmen gefährlicher sein können. Kommt es zu Beschwerden seitens der Anwohner, ist es zuallererst zweitrangig, ob Ihr Unternehmen gesetzeskonform gearbeitet hat. Sie müssen sich gegen die Anschuldigungen wehren und mit einer zeit- und damit kostenintensiven Überprüfung durch die Fachbehörden rechnen.

Resultat dieses Arbeitsschrittes ist die nach Prioritäten bewertete Umweltrisikosituation Ihres Unternehmens.

Arbeitsschritt 3: Ausschlüsse der Umwelthaftpflichtversicherung

Vor dem Hintergrund der Versicherbarkeit sollten Sie nun die Anforderungen des sogenannten *Ausschlußklauselkataloges* der Umwelthaftpflichtversicherung prüfen. Nur so können Sie wichtige Deckungslücken bei den zu überwälzenden Risiken erkennen (lesen Sie hierzu auch Kapitel 02.03. Teil 2).

Für Ihr Unternehmen ist wichtig, daß die heute gültige Umwelthaftpflichtversi-

Tabelle 6: Beispiele für den Handlungsbedarf entsprechend den Ausschlußklauseln der Umwelthaftpflichtversicherung

Klausel	Inhalt der Ausschlußklauseln	Beispiele für notwendige Maßnahmen
6.1	Kleckerschäden	Schwachstellenanalyse
6.2	Schäden, die durch betriebsbedingt unvermeidbare, notwendige oder in Kauf genommene Umwelteinwirkungen entstanden sind (Normalbetriebsrisiken) *außer* bei Nachweis des Standes der Technik oder Nichterkennbarkeit (Öffnungsklausel)	betriebliche Dokumentation
6.3	Vor Vertragsbeginn bereits eingetretene Schäden	Altlastenprüfung, alte Kontaminationen müssen von den aktuellen Belastungspotentialen differenzierbar sein
6.5	Grundstückserwerb	Altlastenprüfung; environmental due dilligence
6.8	Abfallerzeugung, -lieferung	Prüfen Sie Ihre Entsorgungskette; Erstellen Sie ein Sicherheitskonzept für den Umgang mit Abfällen
6.9	Schäden in Folge Verstoßes gegen Gesetze, Verordnungen und behördliche Anweisungen	compliance audit (Prüfung auf Umweltrechtskonformität)
6.14	Schäden durch Naturgewalt	Prüfen Sie, ob z.B. eine Hochwasser- oder Murengefährdung besteht

cherung keine pauschale Deckung von Anlagen und Tätigkeiten ermöglicht, sondern nur die Anlagen und Tätigkeiten versichert sind, die auch genannt werden (Zif. 2 Umwelthaftpflichtversicherung, Enumerationsprinzip). Ebenso sind Risikoerhöhungen und -erweiterungen nicht automatisch mitversichert (Zif. 3 UHV). An dieser Stelle sei jedoch auf einen gewissen Verhandlungsspielraum hingewiesen!

Es werden gemäß Zif. 1.4.2 Abs. 2 und Zif. 6 UHV 17 Ausschlüsse definiert (zusätzlich zu den Ausschlüssen nach den §§ 4 und 7 der Allgemeinen Haftpflichtversicherungsbedingungen AHB) [3]. Es handelt sich dabei um:

- Personenschäden aus Arbeits- und Dienstunfällen,
- Kleckerschäden,
- Normalbetriebsschäden (Öffnungsklausel bei Entlastungsbeweis durch VN),
- Altschäden,
- Schäden, die in Verantwortung früherer Versicherungen fallen,
- Erwerb kontaminierter Grundstücke,

Folgelieferung Januar '99

- Abfallentsorgungsanlagen, Deponien und Kompostwerke,
- Produkthaftpfllicht,
- Abfallerzeugung und -lieferung,
- vorsätzlicher Rechtsverstoß,
- vorsätzlicher Verstoß gegen S.d.T. und tech. Richtlinien,
- genetische Schäden,
- Bergschäden,
- Schäden durch Grundwasserverlagerung,
- höhere Gewalt und
- Kraftfahrtrisiken.

Erstellen Sie sich für die Kontrolle der Ausschlußtatbestände eine eigene Checkliste, die auf den Anlagen- und Tätigkeitsbestand Ihres Unternehmens abgestimmt ist.

Auf die Anforderungen aus den wichtigsten Klauseln weist Tabelle 6 hin.

Arbeitsschritt 4: Maßnahmenplanung

Nehmen Sie eine Maßnahmenplanung vor, die gezielt die Risiken mindert und den Ausschlußklauselkatalog der Umwelthaftpflichtversicherung beachtet. Prüfen Sie die Umsetzung der notwendigen Maßnahmen.

Arbeitsschritt 5: Dokumentation

Legen Sie eine Dokumentation an, die die zu überwälzenden Restrisiken nennt und prüfen Sie deren Versicherungsstand. Risiken, die in den Bereich der Ausschluß-

klauseln fallen, sollten von Ihnen mit dem Versicherer verhandelt werden und, soweit keine Deckung möglich ist, über andere Strategien bewältigt werden (z.B. Finanzierungsmodelle).

Legen Sie die Dokumentation für den zu versichernden Tätigkeiten- und Anlagenbestand an, damit im Schadenfall die Ursachenvermutung mit Beweislastumkehr nicht greift (lesen Sie hierzu auch Kapitel 02.03 Teil 1 und Teil 2).

Die Integration des Umweltriskmanagements in ein Umweltmanagementsystem

Die betriebsoptimierenden Auswirkungen eines Umweltmanagementsystems münden in der kontinuierlichen Verbesserung des betrieblichen Umweltschutzes und damit auch in der nachhaltigen Sicherung des Betriebes vor Umweltrisiken. Abbildung 5 zeigt die Integration des Umweltriskmanagements in ein Umweltmanagementsystem.

Wesentliche Aspekte hierbei:
- Die erweiterte Umweltprüfung, die eine risikoorientierte Schwachstellenanalyse und eine Umweltschadenpotentialabschätzung beinhaltet.
- Der Überwachungs- und Regelkreis zur Auslösung und Durchführung von Standardkorrekturen im alltäglichen Betrieb.

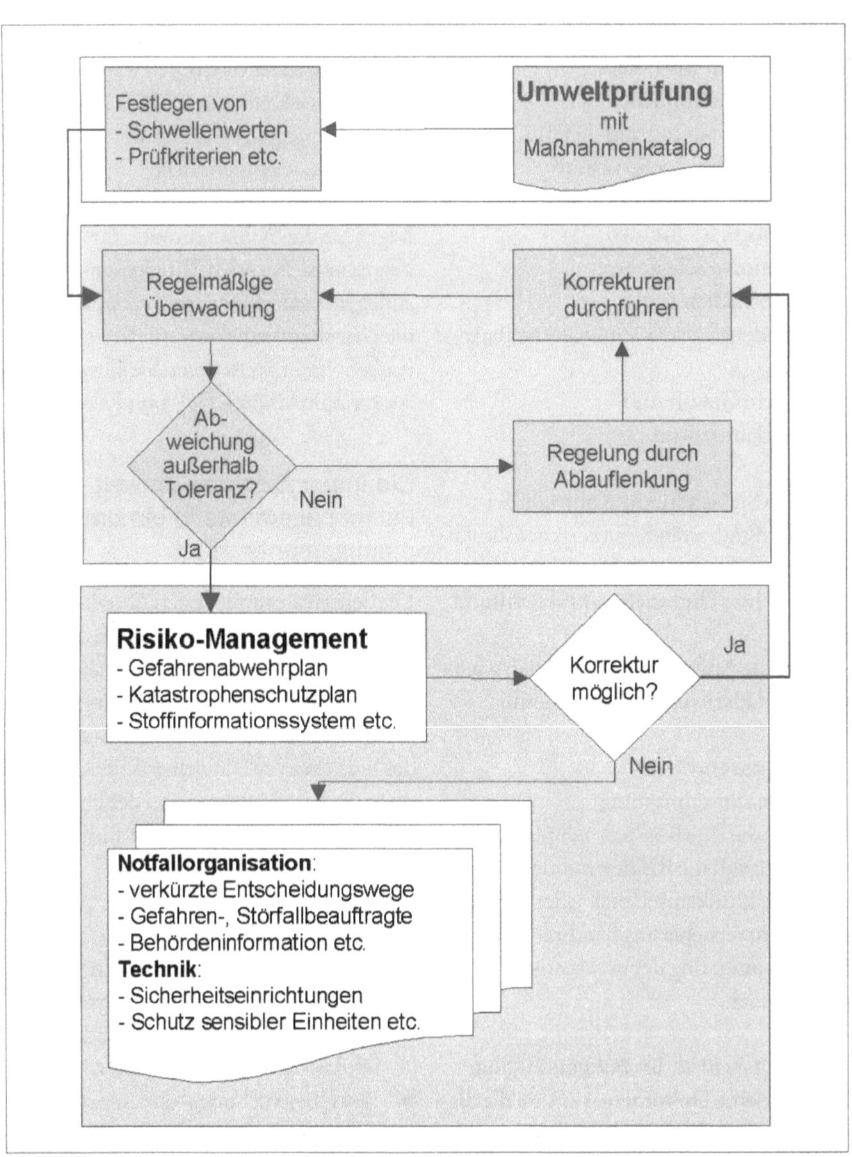

Abb. 5: *Integration des Umweltriskmanagements in ein Umweltmanagementsystem*

- Die Auslösung von Riskmanagement-aktivitäten bei Überschreiten von Toleranzgrenzen. Hierbei ist es möglich, daß einfache Gefahrenabwehr-maßnahmen direkt greifen oder aber, daß das komplette Maßnahmenprogramm für den Gefahren- bzw. Störfall abgerufen werden muß (lesen Sie hierzu auch Kapitel 03.05 Teil 1 insb. Seiten 17, 21 und 26 sowie Teil 2 insb. Seiten 6 und 10).

Beispielhafte Anpassungen eines UMS sind:

- Die Umweltprüfung wird um die Aspekte des Risikomanagements erweitert. Das Einbeziehen der erfaßten Risikoaspekte in den Aufbau eines Umweltmanagementsystems, wird über den Aufbau des Soll-Ist-Abgleichs als sogenannte »Umweltrisikoprüfung« vorgenommen. Dabei erfolgt die Überprüfung der betrieblichen Schwachstellen unter Beachtung der jeweils anzutreffenden Standortempfindlichkeit gegen die potentielle Umwelteinwirkungen. Dies ist insbesondere hinsichtlich einer klagebereiten Nachbarschaft (z.B. Neubausiedlungen) oder aber der evtl. weiten Schadenausbreitung durch die natürlichen Standortgegebenheiten (z.B. Karstgrundwasserleiter) dringend anzuraten. Damit werden nicht nur bestehende Risiken ermittelt und bewertet, sondern es können gleichzeitig die Umweltauswirkungen entsprechend der Öko-Audit-Verordnung dargestellt werden.

- Anlagenbezogene betriebliche Dokumentationen können als Maßnahme gegen den Ausschluß 6.2 der UHV genutzt werden. Dort greift der Ausschluß der Normalbetriebsrisiken dann nicht, wenn eine Anlage bestimmungsgemäß betrieben wurde. Der Begriff »bestimmungsgemäßer Anlagenbetrieb« fußt auf der Formulierung des §6 Abs. 2 des Umwelthaftungsgesetzes. Der hierzu notwendige Nachweis führt über die betriebliche Dokumentation, die folgende Betriebsdaten umfassen sollte [5]:
  - Behördliche Auflagen und deren Erfüllung: Emissionsgrenzwerte und -messungen; Abwassergrenzwerte und -analysen; Inspektionen und Wartungen
  - Anlagenbezogene Werte: Betriebstemperaturen, -drücke, Drehzahlen u.ä.; Abgas-, Abwasser- und Kühlwassertemperaturen; eingesetzte Rohstoffmengen; Menge der erzeugten Produkte und Abfälle; Liste aller eingesetzten und hergestellten Produkte;
  - Besondere Ereignisse: Betriebseinschränkungen; Betriebsunterbrechungen; Änderungen an Anlagen.

19

Gerade diese Dokumentationen und die Gewährleistung des schnellen und sicheren Zugriffs auf die wichtigen Daten sind ein wesentlicher operativer Bestandteil eines UMS.

Selbstüberwachung und Risikokontrolle (Risikoveränderung, -erweiterung) werden im UM-Handbuch in Kapiteln wie z.B. »Interne Audits« oder »Betriebsprüfungen« und den zugehörigen Verfahrensanweisungen geregelt. Damit ist ein fortlaufendes Umweltriskmanagement gewährleistet.

Literatur

[1] EIPPER, C. (1995): *Die Bewertung des Umweltrisikos von Gewerbe- und Industriebetrieben – ein Verfahren zur praxisorientierten Durchführung von Umweltrisikoprüfungen auf der Grundlage von Risikostudien für die Versicherungswirtschaft. – (= Trierer Geographische Studien, Heft 12), 232 S., Trier*

[2] EIPPER, C. (1996): *Die Umweltschutzsituation von kleinen und mittleren Unternehmen (KMU) .- wlb - Wasser, Luft und Boden - Zeitschrift für Umwelttechnik, 1996, Jg. 40, Heft 4, S. 24 - 27*

[3] EIPPER, C. (1997): *Umwelthaftpflichtversicherung: Volles Risiko für die Unternehmen?.- Ökologische Briefe, Nr. 31 vom 01.08.1996, S. 11 - 12*

[4] FRANK, E. (1989): *Risikobewertung in der Technik.- In: HOSEMANN, G. Hrsg., Risiko in der Industriegesellschaft, S.77, Erlangen*

[5] GEMÜND, W. (1993): *Das Umwelthaftungsgesetz und die Umweltpolice des HUK-Verbandes .- Umweltwirtschaftsforum, Jg. 2, März 1993, S. 34 - 42*

[6] SCHNAUBER, H. ET AL. (1995): *Bleibt freiwilliger Umweltschutz Utopie?.- UVP-Report, Jg. 9, Heft 2, S. 82 - 84*

[7] STEFAN, U. ET AL., (1995): *Nationale und europäische Umwelthaftung - Eine Hürde für den Mittelstand?; in Schriften zur Mittelstandsforschung, Heft 65 NF, Stuttgart)*

Zusammenfassung

Umweltriskmanagement ist ein pragmatisches und effizientes Werkzeug zur Minderung betrieblicher Umweltrisiken. Es basiert auf einer risikoorientierten Schwachstellenanalyse, einer Betrachtung der Umweltbelastungspfade und der Konzeption einer Risikobewältigungsstrategie.

Das Umweltriskmanagement bedient sich eines Maßnahmenbündels aus

- Techniken des KVP (kontinuierlicher Verbesserungsprozeß) mit Vermeidung und Verminderung der Risiken,
- der Überwälzung von Restrisiken und existenzbedrohenden Risiken auf eine Versichertengemeinschaft sowie
- der betrieblichen Möglichkeiten des Selbsttragens von Risiken auf Grund guter Schadenpotentialkenntnis. Hierzu werden auch Finanzierungsmodelle eingesetzt.

Für die langfristige Unternehmenssicherung sollte das Umweltriskmanagement in ein Umweltmanagementsystem eingebunden werden.

Sektion 04, Operatives Umweltmanagement

04.01   **Internes Operatives Umweltmanagement
Teil 1: Forschung und Entwicklung**
VON JÖRG ZÜRN
(Stand: März '95)
Teil 2: Materialwirtschaft und Einkauf
VON VOLKER STAHLMANN
(Stand: März '95)

Teil 3: Zur Zeit nicht besetzt

Teil 4: Produktrecycling
von ROLF STEINHILPER
(Stand: Januar '99)

Teil 5: Zur Zeit nicht besetzt

Teil 6: Marketing
von WALDEMAR HOPFENBECK
(Stand: März '95)
Teil 7: Arbeitsschutz
von ULRICH WELZBACHER
(Stand: August '96)
Teil 8: Logistik im Versorgungsbereich
von WOLFGANG STÖLZLE
(Stand: März '95)
Teil 9: Entsorgungslogistik
von WOLFGANG STÖLZLE
(Stand: Dezember '95)
Teil 10: Umweltorientierte Produktpolitik
von WALDEMAR HOPFENBECK
(Stand: August '97)

04.02   **Externes Operatives Umweltmanagement
Teil 1: Entsorgungsverfahren in der
Abfallwirtschaft**
von JOACHIM WUTTKE
(Stand: April '96)

Teil 2: Zur Zeit nicht besetzt

Teil 3: Kreislaufwirtschaft
von ULRICH HOMMEL
(Stand: April '97)

Teil 4: Altlasten
von NICO PREHN
(Stand: Dezember '97)

Teil 5: Zur Zeit nicht besetzt

Teil 6: Lärmschutz
von BERND MARTIN
(Stand: April '97)
Teil 7: Umweltverträglichkeitsprüfung
von SABINE HÄRING UND WILLFRIED NOBEL
(Stand: März '95)
**Teil 8: Gewässerschutz und
Abwassermanagement**
von HANS-PETER LÜHR
(Stand: Dezember '97)
**Teil 9: Anlagenbezogener Umgang
mit wassergefährdenden Stoffen**
von HANS-PETER LÜHR
(Stand: Mai '98)

04.03   **Ökocontrolling**
von EVA KAMMERER UND BERND WAGNER
(Stand: März '95)

04.04   **Ökobilanz**
von ELVIRA BIERI UND LEO KELLER
(Stand: April '96)

04.05 **Ökologische Produktbewertung/
Produktbaumanalyse**
von RAINER RAUBERGER und BERND WAGNER
(Stand: September '95)

04.06 **EG-Umweltbetriebsprüfung**
Teil 1: Grundlagen
von ANDREW PRAETZLER UND STEFAN ZICKGRAF
(Stand: August '97)
Teil 2: Durchführung
von ULRICH HOMMELSHEIM
(Stand: September '98)
Teil 3: Umwelterklärung
von HERMANN BROUWERS
(Stand: August '96)
Teil 4: Validierung
von WERNER FRANKE
(Stand: August '96)

04.07 **Dokumentation des betrieblichen Umwelt-
schutzes**
Teil 1: Umweltmanagement in ISO-Standards
von KLAUS MICHENFELDER
(Stand: April '96)
Teil 3: Integrierte Management-Systeme
von GERHARD REHRL
(Stand: Dezember '96)
Teil 4: Arbeits- und Verfahrensanweisungen
von WINFRIED DIETZ
(Stand: Dezember '96)
Teil 5: Umweltmanagement-Handbuch
von ANDREA WIELAND
(Stand: August '97)
Teil 6: Musterhandbuch Umweltmanagement
von ANDREA WIELAND
(Stand: August '97)

04.08   EDV-gestützter Umweltschutz

Teil 1: Zur Zeit nicht besetzt

Teil 2: Software für das Umweltmanagement
von MICHAEL LÖRCHER
(Stand: September '98)

Teil 3: Programmsteckbriefe
- **AIMS – EMAS**
- **EMASOFT**
- **Fachdatenbank
  Umweltmanagment und Öko-Audit**
- **Fabius**
- **Umberto**

von MICHAEL LÖRCHER
(Stand: Januar '99)

Teil 4: Internet
von MARTINA NEHLS-SAHABANDU
UND MARTIN KREEB
(Stand: Mai '98)

04.09   Betriebsbeauftragte
Teil 1: Abfall
von EBERHARD BEHNKE
(Stand: August '97)

Teil 4: Immissionsschutz
von BERND MARTIN
(Stand: Mai '98)

Internes operatives Umweltmanagement
Teil 4: Produktrecycling

Für Unternehmen ist ein Blick in die industrielle Praxis des Produktrecycling und Upcycling eine besonders wichtige und wertvolle Quelle für Anregungen für eigene zukunftsorientierte Aktivitäten. Sie sollten stets nicht nur in Produktfamilien, sondern auch in unterschiedlichen Anwendungsfamilien und Lebenszyklustakten vernetzt denken. In vielen Bereichen werden derzeit Wiedervermarktungsmöglichkeiten erschlossen. Während die erneute Verwendung der Produkte einen Erlös bringt, schlägt die Entsorgung häufig mit hohen Kosten zu Buche. Dank des gesteigerten Umweltbewußtseins und der Gesetzesinitiativen zur Produktrücknahme gehen Entwicklungen auf diesem Gebiet in äußerst rasantem Tempo vor sich.

Stichworte: Downcycling; Upcycling; Mechatronik; Demontagelinie für Nutzfahrzeugmotoren; Wiedervermarktung; Upcycling bei Hard- und Software; Entlöten; Recyclinggerechtes Konstruieren; Wiederverwendung; Weiterverwendung; Aufarbeitung; Aufbereitung; Eignungskrieterien; Portfoliotechnik zur Recyclingeignung; Produkteignung.

ROLF STEINHILPER

Vom Downcycling zum Upcycling

Die Erfahrungen mit High-tech-Produktkreisläufen (Automobile, Elektrogeräte, Elektronik) aus den Jahren 1990-1998 lehren, daß die technischen und wirtschaftlichen Dimensionen der Aufgabe Produktrecycling insgesamt größere Potentiale und Perspektiven bergen, als bisher (oft fehl-)eingeschätzt.

In diesem Beitrag erfahren Sie:
- welche typischen Beispiele es für erfolgreiches Produktrecycling und Upcycling gibt,
- wie die industrielle Praxis des Upcycling aussieht,
- welche neuen Märkte und Geschäftsfelder sich durch Produktrecycling und Upcycling erschließen,
- wie Sie die Eignung von Produkten für Aufarbeitung oder Aufbereitung bestimmen.

Folgelieferung Januar '99

Dies gilt zwar nicht unbedingt für so manches Anwendungsgebiet des »Downcycling« (stoffliche Verwertung / Abwertung), wo Prozesse zwar grundsätzlich hinsichtlich Know-how und Kapazitäten beherrschbar sind. Oft fehlt es diesen aber an wirtschaftlicher Tragfähigkeit sowie auch an einer geeigneten Strukturierung des zugrunde liegenden Methodenwissens und seiner Vernetzung (branchen- und produktübergreifend) über die gesamten Entwicklungs- und Konstruktions-, Herstellungs-, Vertriebs-, Nutzungs-, Service-, Recycling- und Entsorgungsketten.

Besonders interessante und zukunftsträchtige Potentiale des Produktrecyclings liegen dagegen im »Upcycling« (stückige Verwendung / Aufwertung) – der Aufarbeitung und erneuten Verwendung zerstörungsfrei demontierter Bauteile – sei es im Ersatzteilgeschäft oder in aufgearbeiteten und modernisierten Produkten für zusätzliche, besondere entwicklungsfähige Märkte. Hier hat ein Umdenken in großem Stil eingesetzt, nicht nur beim Automobil-Austauschmotor, wo das »Aus alt mach neu« längst gängige Praxis ist. Elektronische Geräte, die zuweilen schon nach einem Jahr – oft auch fabrikneu / originalverpackt / unverkauft – aus dem Markt zurückkehren, da bereits eine neue Prozessorgeneration die Kunden lockt, eignen sich auch hervorragend zum »Wiedervermarkten«. Vorausdenkende Unternehmen betreiben inzwischen regelrechte Upcyclingfabriken.

Neue Geschäftsfelder

Hier eröffnet sich ein weites Feld für neue Geschäftsfelder durch Aufarbeitung, Modernisierung und Wiedervermarktung von High-tech-Produkten, die bisher zwar schon in einigen Ansätzen erschlossen sind, sich aber noch sehr lebhaft entwikkeln und damit noch viel Raum für Pionierleistungen und individuelle Schwerpunkte lassen, die sich zu einem aufstrebenden Wirtschaftszweig Upcycling entwickeln und vermehren werden.

Für den mit Umweltmanagementaufgaben betrauten Entscheidungsträger ist damit ein Blick in die industrielle Praxis des Produktrecycling und Upcycling derzeit noch eine besonders wichtige und wertvolle Quelle für Anregungen für eigene zukunftsorientierte Aktivitäten. Dieser Blick in die industrielle Praxis wird daher mit illustrierten Beispielen aus aktuellen Anwendungen im folgenden vorgestellt.

Industrielle Praxis des Upcycling

In der industriellen Praxis des Upcycling findet man heute bereits ein breites Produktspektrum. Es reicht von der reinrassigen Mechanik bis hin zur komplexen Elektronik und ist besonders auch bei Zwitterprodukten, also im Bereich der derzeit besonders ins Blickfeld rückenden Mechatronic, mit zahlreichen interessanten Anwendungen besetzt. Nachstehend

Folgelieferung Januar '99

werden typische Anwendungen in dieser Reihenfolge der Disziplinen
- Mechanik,
- Elektronik,
- Mechatronik vorgestellt.

Klassisches Anwendungsfeld Fahrzeugbau

Ein geradezu klassisches Aufarbeitungsprodukt ist der Automobil- bzw. Nutzfahrzeug-Austauschmotor, der in fünf Fertigungsschritten in Serie hergestellt wird:
- Demontage,
- Reinigung,
- Prüfung und Sortierung,
- Bauteileaufarbeitung bzw. Ersatz durch Neuteile,
- Wiedermontage.

Austauschmotoren werden für den Ersatzteilbedarf für nahezu alle laufenden und auch ausgelaufenen Pkw-Modelle (derzeit nach wie vor beispielsweise auch für die Volkswagen »Käfer«-Modelle) in Klein- und Mittel- bis hin zu Großserien hergestellt und angeboten.

Einbau des technischen Fortschritts

Der »Einbau« des inzwischen im Zuge der Modellpflege, des Standes der Technik bzw. neuer gesetzlicher Vorschriften bei

Abb. 1: *Demontagelinie für Nutzfahrzeugmotoren (Deutz Service, Foto: Verfasser)*

Neuprodukten verwirklichten technischen Fortschritts gehört hierbei mit zur Aufarbeitung. Hierzu zählen beispielsweise verbrauchsgünstigere Kolben- bzw. Brennraumformen, besonders gehärtete bzw. verschleißbeständigere Teile des Ventiltriebs, Um- bzw. Nachrüstungen auf Betrieb mit bleifreiem Kraftstoff usw., die somit auch den schlichten Austauschmotor zu einem Upcycling-Produkt aufwerten, da das ursprüngliche technische Niveau des einstigen Neuprodukts übertroffen wird.

Bei der Aufarbeitung im Nutzfahrzeugmotorenbereich hat das Umarbeiten bzw. Aufwerten von zurückkehrenden Altmotoren im Zuge des Recyclingprozesses auch noch weitere Facetten. Einerseits bezüglich der Nutzungsart: Abbildung 1, die die Demontagelinie eines Aufarbeitungswerkes für Nutzfahrzeugmotoren zu Beginn der 90er Jahre zeigt, erweckt zwar noch den Eindruck eines weitgehend standardisierten Ablaufs und standardisierter Motoren.

Keineswegs standardisiert sind allerdings die späteren Upcycling-Produkte: Ein ursprünglich in einem LKW eingesetzter Dieselmotor kann im »zweiten Leben« durchaus Dienste in einem Baufahrzeug, Bagger, Kompressor, Stromaggregat oder ähnlichem tun. Er erfährt hierbei mannigfache Umbauten oder Aufwertungen unter anderem bei der Anordnung der Luftleitbleche für die Kühlung, der

Anflanschmöglichkeiten für Nebenaggregate usw.

Qualitätserhöhung durch Aufarbeitung

Andererseits findet ein Aufwerten bzw. Upcycling in solchen Austauschmotorenfertigungen auch im Zuge bestimmter, an die Demontage der Altmotoren anschließender Aufarbeitungsprozesse statt: Die Bildfolge der Abbildung 2 illustriert hierfür zwei Beispiele.

So läßt sich bei der »Reinigung« verschmutzter Bauteile (linkes Bild in Abb. 2) deren Qualität im Zuge dieses Recyclingprozesses sogar noch steigern: Man nutzt den Effekt, daß das zu Reinigungszwecken angewandte Naßdruckstrahlen der Zylinderköpfe deren Oberfläche verfestigt und damit noch zusätzlich vor Rißbildung schützt.

Die Aufwertung von Zylinderköpfen durch Einsetzen noch verschleißfesterer Ventilführungen, Ventilsitze (mittleres Bild in Abb. 2) usw. wurde beim vorausgegangenen Überblick zu diesem Anwendungsbeispiel bereits angesprochen und macht das Austauscherzeugnis Nutzfahrzeugmotor zu einem wahrhaft »glänzenden« (rechtes Bild in Abb. 2) Vertreter der Upcycling-Branche.

Durch solche hervorhebenswerten Entwicklungen erfährt das Austauschmotorengeschäft derzeit eine spürbare, zumindest qualitative Belebung, nachdem (durch das ingesamt gesteigerte Qualitäts-

Abb. 2: *Aufwertende Prozesse (links: Reinigung, Mitte: Ventilsitzbearbeitung) für das Upcycling-Produkt Nutzfahrzeugmotor (rechts) (Deutz Service, Foto: Verfasser)*

niveau bzw. die längeren Laufleistungen der Neumotoren) der Bedarf an Austauschmotoren für den Ersatzteilmarkt in den zurückliegenden zehn Jahren quantitativ durchaus merklich zurückgegangen ist, wobei sich die Stückzahlen für einzelne Anwendungen sogar halbiert haben.

Wachsendes Anwendungsfeld Elektronik

Stückzahlsteigerungen verzeichnete dagegen ein in den vergangenen zehn Jahren erst in nennenswertem Umfang entstandenes Geschäftsfeld des Upcyclings, das Aufarbeiten, Modernisieren, hardwaremäßige Erweitern und softwaremäßige Neuausstatten von Büro- und Kommunikationselektronik sowie verwandten Produkten.

Abbildung 3 zeigt einen Blick auf einen typischen Lagerbestand an wiedervermarktungsfähigen Computerterminals bzw. Monitoren, wie sie als exemplarisches Produkt des jeweiligen im europäischen Maßstab betriebenen Geschäftszweiges »Wiedervermarktung« nahezu aller im europäischen Markt eingeführten Computerhersteller bzw. der zugehörigen Recycling-/Upcyclingwerke anzutreffen sind.

Erschließung neuer Märkte

Auch hier ist es eine grundsätzlich denkbare und gangbare Praxis, daß etwa ein im Zuge einer Systemumstellung ausgemustertes, noch funktionstüchtiges Terminal aus einer Bank bzw. seine wichtigsten Baugruppen im »zweiten Leben« andersartige Dienste, wie zum Beispiel als Erfassungsterminal in einem Einwohnermelde-

<u>Abb. 3:</u> *Computerterminals im Lager der Firma Siemens-Nixdorf, die zur Wiedervermarktung vorgesehen sind (Siemens Nixdorf, Foto: Verfasser)*

amt verrichtet. Oftmals erschließt gerade nicht das Denken in »reinrassigen« Kreisläufen, sondern das Vernetzen unterschiedlicher Produktkreisläufe weitere Verwendungsmöglichkeiten für ein recyceltes oder upcyceltes Produkt.

Wo in einer Anwendung (im diskutierten Beispiel das Bankterminal) der technische Fortschritt schneller vonstatten geht, verlaufen in einer anderen Anwendung (im zitierten Beispiel beim Einwohnermeldeamt) die Innovationszyklen in einem langsameren (oft auch durch Finanzmittelknappheit gebremsten) Takt und eröffnen damit »Umsteigemöglichkeiten« für die Produkte aus dem schnelleren Lebenszyklus.

Auch der mit Umweltmanagementaufgaben befaßte Entscheider sollte daher stets nicht nur in Produktfamilien, sondern auch in unterschiedlichen Anwendungsfamilien und Lebenszyklustakten vernetzt denken.

Der Einbau des technischen Fortschritts in Produkte beim Produktrecycling für identische Anwendungsfelder ist bereits verwirklichte Praxis. Beispiele sind Bankomaten zur Wiederverwendung und modernisierte Ladenkassen

Im Zuge der Banknotenumstellung auf fälschungsgesicherte und neu gestaltete Geldscheine im Verlauf der 90er Jahre – oder wegen der anstehende Umstellung auf Euro-Banknoten – sind bei Selbstbedienungsterminals Umbauten, Umrüstungen, bzw. Aufwertungen notwendig, die bei fehlenden Upcycling-Möglichkeiten das »Aus« für zahlreiche Bankomaten, Geldscheinlesegeräte an Parkhaus- und Fahrscheinautomaten etc. bedeuten würden. Geräte, die konstruktiv für ein Upcycling geeignet bzw. vorbereitet waren, eröffneten nicht nur dem Hersteller und Vertreiber eine weitere Umsatz- oder Vermietungsmöglichkeit, sondern auch dem

Anwender und Aufsteller Kosteneinsparungen statt einer kostspieligen Neuinvestition.

Upcycling bei Hard- und Software
Auch elektronische Ladenkassen, die sowohl starker mechanischer Beanspruchung als auch schnellem Software-«Verschleiß« unterworfen sind, werden in Serie aufgearbeitet. Nicht wenige der elektronischen Scanner und Ladenkassen in den Supermärkten klingeln oder summen bereits im zweiten Leben. Sie wurden in den Herstellerwerken aufgearbeitet und modernisiert und sodann in großer Zahl – zeitweise vor allem in die fünf neuen Länder – geschickt.

Zuweilen lassen sich nicht die gesamten Produkte, sondern nur bestimmte Komponenten weiterverwenden bzw. durch geschicktes Upcycling beziehungsweise Neukombinieren wieder vermarkten.

Dies gilt für ausgewählte Baugruppen der aus den Märkten zurückkehrenden Produkte der Informations- und Büroelektronik oder auch für bestimmte Baugruppen aus der kommerziellen Kommunikationselektronik, für die Abbildung 4 ein Beispiel zeigt.

Hier werden derzeit Wiedervermarktungsmöglichkeiten für die Flüssigkeitskristallanzeigen (Liquid Crystal Displays, LCDs) erschlossen, deren erneute Verwendung einen Erlös bringt, wogegen ihre Verwertung (als besonders überwachungsbedürftiger Abfall) mit hohen Kosten zu Buche schlägt.

Auch in Leiterplatten, dem anteilmäßig in hervorzuhebender Menge anfallenden »Sonderabfall« aus ausgemusterten Elektronikprodukten, steckt (neben

Folgelieferung Januar '99

Abb. 4: *Zerlegung von Telefonnebenstellen-Anlagen (WFB Calden, Foto: Verfasser)*

dem zuweilen interessanten Goldanteil) durchaus ein lohnenswertes Upcycling-Potential.

Auf dem Markt findet man inzwischen aus Secondhand-Baugruppen bzw. Leiterplatten in Serie gefertigter Speichererweiterungen für PCs, die – mit voller Garantie ausgestattet – sowohl umweltbewußte als auch preisbewußte Kunden ansprechen und reißenden Absatz finden.

Siebenstellige Umsätze mit Upcycling-Elektronikprodukten, wie innovative Mittelständler sie heute erzielen, können auch die Computerhersteller nicht ganz links liegen lassen.

Die anfänglich diesem Geschäft entgegengebrachte Skepsis und die vereinzelt zu beobachtenden Bemühungen, den unerwünschten, sogenannten »third parties«

im Upcycling-Geschäft durch gezieltes Aus-dem-Verkehr-Ziehen ausgemusterter Elektronikprodukte der eigenen Marke die Basis zu entziehen, haben inzwischen einer völlig neuen Einstellung gegenüber dem Upcycling als möglichem eigenen Geschäftsfeld Platz gemacht. Vielen Herstellern ist nicht nur bewußt geworden, daß angesichts der Flut an aus dem Markt zurückkehrenden Elektronikaltprodukten sämtliche Versuche zum »Austrocknen« des Sekundärmarkts ohnehin zum Scheitern verurteilt sind – man hat insbesondere auch erkannt, daß vor allem der Originalhersteller durch die Möglichkeiten einer gezielten und geschickten Abstimmung von Produktentwicklung, Neuproduktion und Upcycling den Schlüssel für ein erfolgreiches Geschäftsfeld Upcycling

Abb. 5: *Leiterplatten mit wiederverwendungsfähigen Bauelementen / Entlötvorgang / Lagerbestand wiederverwendungsfähiger Bauelemente (Bilder links / Mitte / rechts) (Covertronic, Foto: Verfasser)*

Folgelieferung Januar '99

und die Erschließung zusätzlicher Kundenkreise in der Hand hält.

Wertvolle Bauteile entlöten und wiedervermarkten

Inzwischen richtet sich das Interesse vieler Wiederverwendungspioniere im Elektronikbereich auch auf einzelne wertvolle elektronische Bauelemente selbst, wie beispielsweise Speicherbausteine und Prozessoren.

Abbildung 5 zeigt die für die Wiederverwendung von elektronischen Bauelementen inzwischen etablierte Sequenz.

Kritiker des Entlötens und Wiedervermarktens wertvoller elektronischer Bauelemente diskutieren vor allem den beim Entlöten der Bauteile auftretenden Temperaturschock, der die einschlägigen Vorschriften bzw. Standards beim Einsatz elektronischer Bauelemente (wie zum Beispiel keine Temperaturschwankungen größer als 10 Grad pro Sekunde) verletzen

und daher die Qualität der wiedergewonnenen Bauelemente gefährden könnte, unabhängig von den ohnehin praktizierten Qualitätskontrollen bzw. Funktionstests vor der Wiedervermarktung dieser Bauelemente.

Ein schonenderes Entlöten gestattet dagegen die in jüngster Zeit entwickelte Erwärmung der Leiterplatten durch Infrarotlicht-Bestrahlung, deren Anwendung in einer mobilen Anlage Abbildung 6 zeigt.

Bei diesem Entlötverfahren geht zum einen die Erwärmung insgesamt langsamer vor sich, zum anderen nutzt man den Effekt, daß die Wärmestrahlen von den Lötstellen eher reflektiert, vom Leiterplattenmaterial dagegen absorbiert werden, für eine schonende Wärmeeinleitung und Vermeidung eines Temperaturschocks für die wertvollen Bauelemente.

Das Spektrum wiederverwendungsfähiger – bzw. kostendeckend oder erlös-

Abb. 6: *Entlöten von Bauelementen durch Infrarot-Erwärmung der Leiterplatten (Krueger, Foto: Verfasser)*

bringend wieder vermarktbarer – Bauelemente umfaßt bei den Marktführern derzeit etwa 10.000 unterschiedliche Positionen.

Somit ist der dritte Fertigungsschritt jeder Aufarbeitung, das Prüfen und Sortieren der Bauteile, auch beim Recycling elektronischer Bauelemente eine zweiteilige Aufgabe:

Zum einen besteht sie in dem Sortieren nach unterschiedlichen Arten von Bauelementen, zum anderen muß das Prüfen und Sortieren der Bauelemente auch eine Beurteilung des Qualitätszustandes und eine Klassifizierung in die drei Zustände

– nicht mehr wiederverwendbar,
– nach Aufarbeitung wiederverwendbar,
– direkt wiederverwendbar

beinhalten. Nicht nur für die elektronische Funktionsprüfung, sondern auch für die mechanische bzw. geometrische Kontrolle beispielsweise der Anschlußfahnen (»Beinchen«) des elektronischen Bauelements, wird bei den verantwortungsbewußt operierenden Upcycling-Unternehmen ein beträchtlicher Aufwand getrieben. Abbildung 7 zeigt ein Beispiel.

Anwendungsfeld Mechatronik

An der Schnittstelle bzw. im Überschneidungsgebiet von Mechanik und Elektronik, der oft zitierten *Mechatronic*, finden sich ebenfalls beachtliche Beispiele und Vertreter der industriellen Praxis des Upcycling.

Als Produkte mit erheblichem Potential an wiedergewinnbarer bzw. aufwertbarer Wertschöpfung trifft man beispielsweise Industrieroboter an, die nach einem oft dreischichtigen Rund-um-die-Uhr-Einsatz über mehrere Jahre hinweg erhebli-

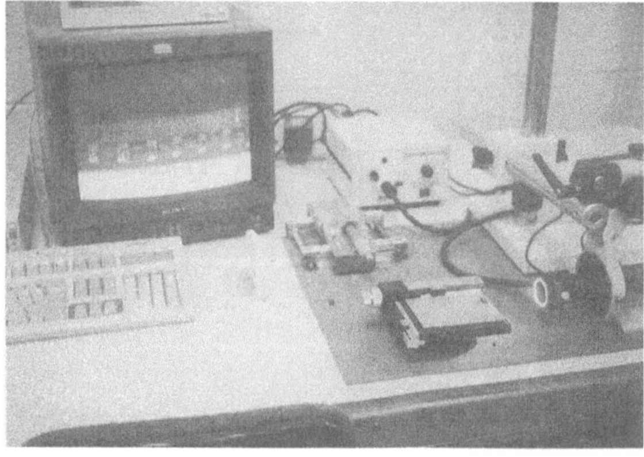

Abb. 7: *Lötstellenkontrolle des vor dem Objektiv einer Digitalkamera plazierten Bauelements durch stark vergrößerte Betrachtung auf dem Bildschirm (Krueger, Foto: Verfasser)*

Abb. 8: *Industrieroboterein-satz im Schmiedebe-trieb – Gerätezu-stand vor der Aufarbeitung (Unimation, Foto: Verfasser)*

Abb. 9: *Aufarbeitung von Industrieroboter-Armen (Unimation, Foto: Verfasser)*

chen Beanspruchungen und auch Verschleißerscheinungen, beispielsweise im Schmiedebetrieb, (Abb. 8), ausgesetzt sind und daher aufgearbeitet werden müssen.

Industrieroboter gelten als besonders innovative Produkte und sind damit auch einer schnellen technischen Weiterentwicklung unterworfen. Hier hat die Aufarbeitung ganz besonders die Aufgabe, durch entsprechende Modernisierungsmaßnahmen den Industrieroboter auch auf den inzwischen erreichten technischen Stand der Neuerzeugnisse zu bringen. In den zugehörigen Industrieroboter-Upcyclingbetrieben werden die Geräte daher nicht nur vollständig demontiert, Führungen und Lagerstellen der wichtigsten Bauteile werden vollständig und umfassend nachgearbeitet oder erneuert (Abb.9).

Bei der Wiedermontage des Industrieroboters wird die neueste Steuerungsgeneration eingebaut und das Erzeugnis auch in allen anderen technischen und optischen Merkmalen, wie beispielsweise der robusteren Gehäuseausführung, dem Stand eines gleichartigen neuen Industrieroboters angepaßt.

Interessant an diesem Beispiel ist, daß das Unternehmen den aufgearbeiteten Industrieroboter zu nur rund zwei Dritteln der Kosten eines neuen Gerätes produziert, so daß nicht nur die Ertragsanteile aufgearbeiteter Roboter, sondern auch deren Stückzahlen die zugehörigen Kennwerte neu hergestellter Geräte in den Schatten stellen. Zeitweise produzierte das zitierte Unternehmen doppelt so viele aufgearbeitete wie neue Industrieroboter eines Typs in der gleichen Zeiteinheit.

In der Entwicklungs- und Konstruktionsabteilung des betreffenden Unternehmens achtet man selbstverständlich sorgfältig darauf, daß konstruktive Änderungen und Weiterentwicklungen auf der mechanischen Seite, die in die Neuserie einfließen, mit früher gebauten Geräten kompatibel bzw. letztere entsprechend nachrüstbar sind. Auf diese Weise harmonisieren im späteren Recycling die mecha-

nischen Bauteile sowohl älterer als auch neuerer Ausführungen der Industrieroboter einer bestimmten Baureihe miteinander. Bei jedem Recycling ist so eine umfassende Modernisierung auf den neuesten Stand möglich und wird auch durchgeführt. Die Berücksichtigung solcher Anforderungen bereits bei der Konstruktion spielt aus der Sicht des Unternehmens eine Schlüsselrolle im Geschäft mit den rezyklierten Industrierobotern.

Schlüsselrolle des recyclinggerechten Konstruierens

Es läßt sich auch in anderen Branchen unschwer vorstellen, in welchem Maße der Kostenvorteil eines Upcyclingproduktes noch zunehmen kann, wenn es der Neuhersteller zu seiner eigenen Sache macht und durch entsprechende konstruktive Maßnahmen fördert und vorbereitet. Mit dieser Philosophie kümmern sich inzwischen viele Hersteller gleich selbst um das Produktrecycling. Auffällig ist dabei auch die Aufarbeitung von weiteren Produkten mit hohem Entwicklungstempo (wie beispielsweise Kopiergeräten).

In den vergangenen Jahren hat sich das – ursprünglich noch sehr stark von am freien Markt tätigen, herstellerungebundenen Aufarbeitungsunternehmen beackerte – Tätigkeitsfeld der Aufarbeitung von Kopiergeräten oder ihrer Baugruppen (Abb.10), kontinuierlich zu einem inzwischen regelrecht strategischen Geschäfts-

Abb. 10: *Aufarbeitung von Fotokopierern (Hildebrandt, Foto: Schmidt)*

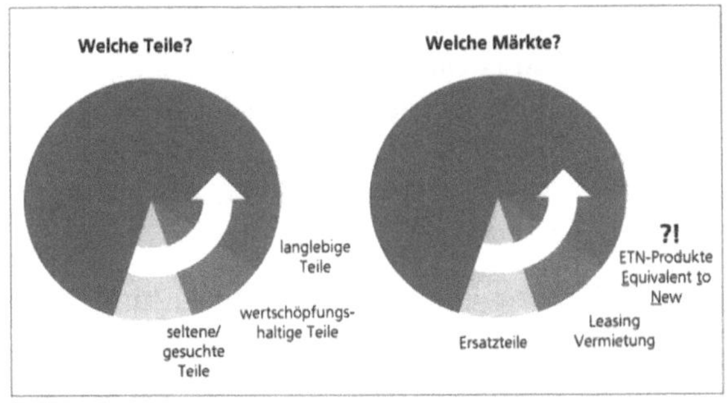

Abb. 11: *Anwendungsfelder der Aufarbeitung zur Wieder- und Weiterverwendung, einschließlich Upcycling*

feld manches Originalherstellers – unter Einbeziehung der Produktentwicklung und des Konstruierens für Upcycling – entwickelt.

In diesem Zusammenhang sei die Aussage eines Branchenführers zitiert, die sinngemäß lautete: »Wir erhöhen unseren Aufwand für das recyclinggerechte Konstruieren nicht deshalb, um unsere Produkte einmal zu verkaufen und dann möglichst rationell zu entwerten, sondern um unsere Produkte zweimal zu verkaufen – ein erstes Mal als Neuprodukt und ein zweites Mal als Upcyclingprodukt.«

Zusammenfassend lassen sich somit die Eindrücke und Entwicklungen aus der industriellen Praxis des Upcycling sicherlich als gesicherte Belege werten, daß sowohl die Produkt- bzw. Teilespektren als auch die Märkte für in mehreren Lebenszyklen wieder- oder weiterverwendete Produkte erst am Beginn ihrer Entwicklung stehen (Abb.11).

Zur Beurteilung der gangbaren Wege zur Wiedereinschleusung aufgearbeiteter Produkte und Bauteile in den Markt sei auch auf Kap. 04.01, Teil 11 verwiesen. Wichtig ist in diesem Zusammenhang vor allem die Beurteilung der Eignung unterschiedlicher Produkte für die Aufarbeitung und Wiederverwendung, für die nachfolgend Entscheidungshilfen gegeben werden.

....

Eignung von Produkten für Aufarbeitung oder Aufbereitung

Am Ende der Produktnutzungsdauer stellt sich immer seltener die Alternative *»Recycling oder kein Recycling«*, sondern statt dessen lautet die Frage zunehmend häufiger *»Recycling durch Aufarbeitung oder Recycling durch Aufbereitung?«*.

Hierbei rückt in jüngster Zeit vor allem das Recycling durch Aufarbeitungsprozesse immer stärker in den Blickpunkt des Interesses.

Anwendungsbeispiele, so haben die vorausgegangenen Beispiele gezeigt, gibt es zwar inzwischen schon beinahe in Hülle und Fülle, doch ist sicherlich nicht jede Produktgattung für ein Recycling, vor allem, wenn es auf eine erneute Verwendung abzielt, geeignet. Prognosen für aufarbeitbare Produkte, meist mit skeptischem Tenor, wurden in den letzten Jahren wiederholt angestellt. Die Entwicklungen auf diesem Gebiet gingen jedoch in äußerst rasantem Tempo vor sich. Nicht zuletzt dank des gesteigerten Umweltbewußtseins und den bis vor kurzer Zeit überhaupt nicht vorstellbaren Gesetzesinitiativen zur Produktrücknahme mußten Prognosen oftmals schnell als überholt gelten.

Besprochen werden sollen daher im folgenden nicht so sehr Vorschläge für geeignete Produkte, sondern vor allem die wichtigsten Eignungskriterien, die für das Recycling von Produkten durch Aufarbeitung sprechen. Anhand dieser Kriterien kann der interessierte Praktiker bzw. Konstrukteur eigenständig abprüfen, inwieweit sich ein neues Produkt mit Erfolg aufarbeiten läßt, und dann sein Augenmerk auf diese Aufgabe richten.

Verwendung oder Verwertung

Ergibt sich dabei *keine Eignung zur Aufarbeitung für die erneute Verwendung*, so muß das Urteil über das jeweilige Produkt noch keineswegs »zum Recycling ungeeignet« lauten. Auch die *Aufbereitung zur Verwertung* kann noch vielversprechend, notwendig oder gar zukünftig gesetzlich vorgeschrieben sein. Dort, wo Erkenntnisse vorliegen, wird daher auch auf Eignungskriterien zur Verwertung eingegangen.

Bei der Ermittlung und Verdeutlichung der Eignungskriterien von Produkten zur Aufarbeitung dienen die nachstehend zusammengestellten Produkte als Grundlage

Folgelieferung Januar '99

und Anschauungsobjekte. Diese sind bzw. waren bereits als aufgearbeitete Produkte auf dem Markt, stellen aber keinesfalls eine verbindliche Auswahl dar, sondern erlauben entsprechende Erweiterungen, je nach Branche, Produktgattung oder Zielsetzung des Herstellers.

Gebrauchsgüter:
- *Fahrzeugbau:* Motoren, Getriebe, Anlasser, Lichtmaschinen, Gelenkwellen, Wasserpumpen, Bremszylinder.
- *Elektrotechnik:* Elektrowerkzeuge wie Bohrmaschinen, Winkelschleifer, Kreissägen; Hausgeräte wie Warmwasserboiler, Staubsauger.

Investitionsgüter:
- *Maschinenbau:* Werkzeugmaschinen, Industrieroboter, Getränkeautomaten, Motorsägen.
- *Elektrotechnik/Elektronik:* Kopiergeräte und -baugruppen (Tonerwannen, Walzen), Personalcomputer und Peripherie (Drucker, Druckerkartuschen), Frankiermaschinen.

Acht Eignungskriterien

Bei der Beurteilung der Aufarbeitungswürdigkeit von Produkten spielt eine ganze Reihe von Kriterien eine Rolle:
- technische Kriterien (Art und Anzahl der Bauteile und Werkstoffe, Aufarbeitbarkeit ...),
- Mengenkriterien (Stückzahlen, räumliches und zeitliches Aufkommen, Nachfrage ...),
- Wertkriterien (Wertschöpfung, Material, Fertigung, Montage),
- Zeitkriterien (Produktlebensdauer, Nutzungszeit, Produktionszeitraum),
- Innovationskriterien (technischer Fortschritt bei Neuprodukten und Recyclingprodukten),
- Entsorgungskriterien (Rohstoffgehalt, Schadstoffgehalt ...),
- Kriterien, die die Wechselwirkungen mit der Neuproduktion betreffen (Abwehr der Aufarbeitung durch den Neuproduzenten oder Möglichkeit zur Zusammenarbeit mit der Neuproduktion ...),
- sonstige Kriterien (Markt, Image, Produkthaftung Schutzrechte der Recyclingprodukte usw.).

Da die beiden Recyclingwege
- Aufarbeitung zur erneuten Verwendung (inklusive Upcycling) und
- Aufbereitung zur Verwertung (meist Downcycling)

die grundsätzlichen Alternativen des Produktrecycling darstellen, sollte jedes Produkt auf seine Eignung für den einen oder anderen Weg abzuprüfen sein.

Portfoliotechnik zur Recyclingeignung

Die genannten Kriterien bilden dabei den Rahmen für die Prüfung. Es bietet sich daher an, zweidimensionale Suchräume aufzuspannen, in denen die Recyclingchancen mit Hilfe der Eignungskriterien der Produkte abgeprüft werden können.

Investitions- und Gebrauchsgüter lassen sich mit Hilfe dieser im folgenden beschriebenen Methodik gleichermaßen günstig bewerten.

Nicht übersehen sollte der Anwender dieser Methodik jedoch, daß solche Suchraum- oder Portfolioanalysen aufgrund der starken, geradezu plakativen Vereinfachungen, die bei ihrer Anwendung zwangsläufig getroffen werden müssen, immer wieder auch großer Kritik ausgesetzt sind. Oft stoßen sie daher auf Skepsis oder gar auf Ablehnung.

Die Portfoliomethode macht daher nur dort Sinn, wo sich eindeutige Kriterien klar formulieren und bewerten lassen. Sie hat jedoch dadurch zwei unbestreitbare Vorteile:

- Die Portfoliotechnik macht nicht nur auf Chancen aufmerksam, sondern sie zeigt auch Fehler auf, die sonst begangen würden und die durch richtige Deutung des Portfolios vermeidbar sind.
- Der Anwender wird gezwungen, über die Kriterien sehr sorgfältig nachzudenken – das Portfolio bzw. das Ausfüllen eines Suchraums dient somit »nur« noch einer Veranschaulichung der bereits angestellten Überlegungen.

In diesem Sinn sollen die nachstehenden Ausführungen Denkanstoß sein, zunächst

- die behandelten Kriterien in den angegebenen Suchräumen für potentielle,

zukünftige Recyclingprodukte abzuprüfen,
- zusätzliche Eignungskriterien, die auf bestimmte Produkte besonders zugeschnitten sind, zu entwickeln und in entsprechenden Suchräumen zu bewerten.

Technische Kriterien

Eine grundsätzliche technische Forderung an die Aufarbeitungswürdigkeit von Produkten ist die prinzipielle Eignung eines Produkts für eine Aufarbeitung auf das Niveau des Funktionszustandes und der Lebensdauererwartung eines Neuprodukts oder aber darüber hinaus (Upcycling). In einem Wort, *die Aufarbeitung muß technisch machbar sein.*

Der technisch/wirtschaftliche Aufwand für die Aufarbeitung darf dabei selbstverständlich nicht höher sein als der Aufwand zur Herstellung eines vergleichbaren Neuprodukts. Enger gefaßt sollte er nicht höher als zwei Drittel des Aufwands für die Neuproduktion desselben Erzeugnisses sein.

Technische Kriterien, die bei der Entscheidung »Recycling durch Aufarbeitung oder durch Aufbereitung?« eine Rolle spielen, sind neben der prinzipiellen Aufarbeitbarkeit des Produkts

- die Art und Anzahl der Bauteile,
- die Komplexität der Baustruktur,
- die Vielfalt der im Produkt verwendeten Werkstoffe.

Folgelieferung Januar '99

Hierfür läßt sich folgende Regel aufstellen:

- Ein einfach aufgebautes, homogenes Produkt aus nur einem Grundwerkstoff eignet sich eher zum Recycling durch Aufbereitung und zur Verwertung der Werkstoffe.
Beispiel: Flüssigkeitspumpe mit Graugußgehäuse.

- Ein komplex aufgebautes, heterogenes Produkt mit vielen unterschiedlichen Bauteilen aus spezialisierten Werkstoffen eignet sich eher zur Aufarbeitung und Wiederverwendung.
Beispiel: Kopiergerät mit komplexer Baustruktur und zahlreichen Werkstoffen: Eisenmetalle als Guß, Profile oder Blech, Aluminium, Kupfer für die Elektrik, zahlreiche Kunststoffe, Glas für die Optik, Gummi für die Walzen usw.

Abbildung 12 zeigt den anhand der vorgenannten Kriterien und Beispielen aufgespannten zweidimensionalen Suchraum für die Eignung von Produkten zum Recycling nach den technischen Kriterien

- Anteile wiederverwendbarer Bauteile,
- Werkstoffvielfalt.

Das oben genannte Kopiergerät ist zusammen mit anderen Beispielen abgeprüfter Produkte in den Suchraum eingeordnet, es findet sich in der Aufarbeitung.

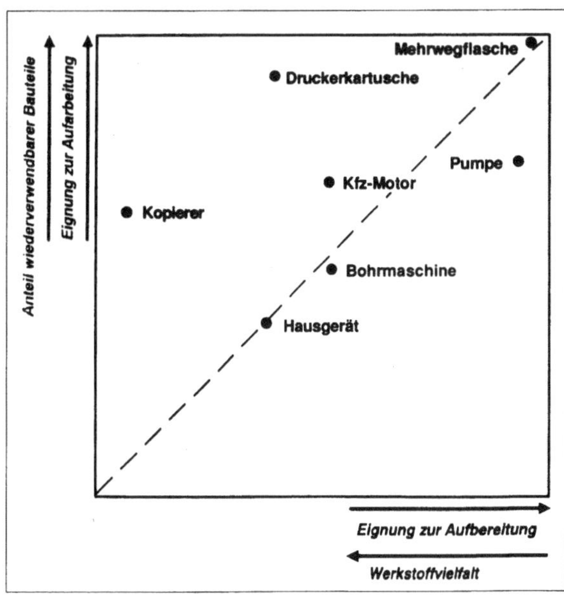

Abb. 12: *Suchraum zur Produkteignung für Aufarbeitung oder Aufbereitung nach technischen Kriterien*

Zu beachten ist in diesem Suchraum die rückwärts gerichtete Orientierung des Kriteriums »Werkstoffvielfalt« auf der horizontalen Achse, die zur Eingliederung dieses Kriteriums in den Suchraum bzw. zur direkten Vergleichbarkeit mit den anderen Suchräumen notwendig ist.

Die beispielhaft eingezeichneten Vertreter aus in der Praxis laufenden Fertigungen aufgearbeiteter Produkte belegen die Gültigkeit der entwickelten Regel und die Tauglichkeit der behandelten technischen Kriterien. Sie sollten daher bei jedem neu ins Auge gefaßten Produkt sorgfältig geprüft werden, um eine Aussage über dessen Eignung zum Recycling treffen zu können.

Mengenkriterien

Die industrielle Aufarbeitung von Produkten in Serie, wie sie in zahlreichen Branchen besteht, profitiert von dem erfolgreichen Bemühen, das individuelle Recycling jedes Produkts als eine Serienfertigung größerer Lose zu gestalten. Nur bei einer Serienfertigung lassen sich Möglichkeiten der Rationalisierung, wie der Einsatz technischer Hilfen und die bessere Auslastung von Personal und Fertigungseinrichtungen, nutzen.

Insbesondere bei Gebrauchsgütern, die in der Regel einen geringeren Wert pro Stück repräsentieren als Investitionsgüter, ist daher eine Aufarbeitung zur Wiederverwendung nur bei ausreichendem Mengenaufkommen lohnend. Als zusätzliches Kriterium ergibt sich die Forderung, daß dieses Mengenaufkommen – abhängig vom Wert des Produktes – in einem nicht zu großen Einzugsbereich erzielbar sein muß.

Dieser Einzugsbereich erstreckt sich sowohl auf die räumliche Ausdehnung des Rücklaufs als auch auf die der Absatzseite.

Bei zu niederwertigen Produkten kann daher schon der Einsammel- und Transportaufwand den in einer Aufarbeitung rückgewinnbaren Wert übersteigen.

Im Zusammenhang mit dem

- Wert des Produkts sind somit hauptsächlich die Kriterien
- Mengenaufkommen auf der Rücklauf- und Absatzseite,
- Einzugsbereich zu betrachten.

Hierfür lassen sich folgende Regeln aufstellen:

- Ein niederwertiges Produkt eignet sich nur bei sehr großem Mengenaufkommen und einem überschaubaren Einzugsbereich für eine Aufarbeitung. *Beispiele:* Mehrwegflasche, runderneuerte Reifen, Telefonapparat.
- Ein Produkt mit geringem Mengenaufkommen aus einem großen Einzugsbereich eignet sich nur ab einem bestimmten Mindestwert zur Aufarbeitung. *Beispiele:* Kopiergerät; Kfz-Motor.
- Produkte mit mittlerem Wert und mittlerer Stückzahl eignen sich – rein

Teil 4: Produktrecycling

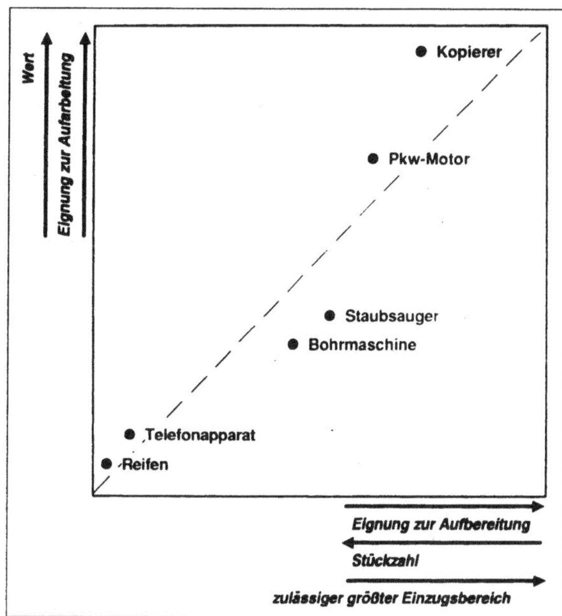

Abb. 13: *Suchraum zur Produktbewertung nach Mengen- und Wertkriterien*

nach Mengenkriterien betrachtet – nicht für die Aufarbeitung. Hierfür sind eher Aufbereitungsmöglichkeiten zu prüfen.

Abbildung 13 zeigt den anhand der vorgenannten Kriterien und Beispiele aufgespannten zweidimensionalen Recycling-Eignungs-Suchraum für die Mengenkriterien

— Stückzahl (Rücklauf und Absatz von Austauschprodukten),

— Einzugsbereich

mit einigen beispielhaft eingezeichneten Vertretern aus laufenden Fertigungen von aufgearbeiteten Produkten.

Der Kopierer findet sich durch seinen hohen Wert noch im Bereich der Aufarbeitung. Bei einem niederwertigeren Produkt in vergleichbar kleinen Stückzahlen würde sich die Aufarbeitung jedoch nicht mehr lohnen.

Die Verbindung mit dem im Suchraum als senkrechte Achse eingezeichneten Kriterium »Wert« ist somit notwendig. Eine solche Kombination verschiedenartiger Kriterien (hier z.B. Stückzahl, Einzugsbereich und Wert) in einem Suchraum empfiehlt sich nicht nur hier bei der Mengenbetrachtung. Dies wird auch bei den weiteren Kriterien oftmals hilfreich sein.

Wertkriterien

Als wirtschaftliche Forderung an die Aufarbeitungswürdigkeit von Produkten muß ein ausreichender Gebrauchswert sowohl des neuen als auch des aufgearbeiteten Erzeugnisses vorhanden sein, um den notwendigen Recyclingaufwand wirtschaftlich zu rechtfertigen.

Unter derzeitigen Bedingungen kann als Daumenregel ein Produktneuwert, der dem Wert von drei Instandsetzungslohnstunden entspricht, angegeben werden. Dies entspricht dem unteren Schwellenwert für eine wirtschaftliche Durchführbarkeit der Aufarbeitung. Bei Produkten, die diesen Wert überschreiten, muß außerdem beachtet werden, daß die Aufarbeitungskosten nicht mehr als zwei Drittel der Kosten der Neuproduktion betragen dürfen, um die Aufarbeitung am Markt durchsetzbar zu machen.

Darüber hinaus bilden die Verhältnisse der drei Wertschöpfungsbestandteile
– Materialwert,
– Fertigungswert und
– Montagewert
aus der Neuproduktion zueinander wichtige Entscheidungskriterien, für welches Produktrecyclingverfahren ein betrachtes Produkt besonders prädestiniert erscheint.

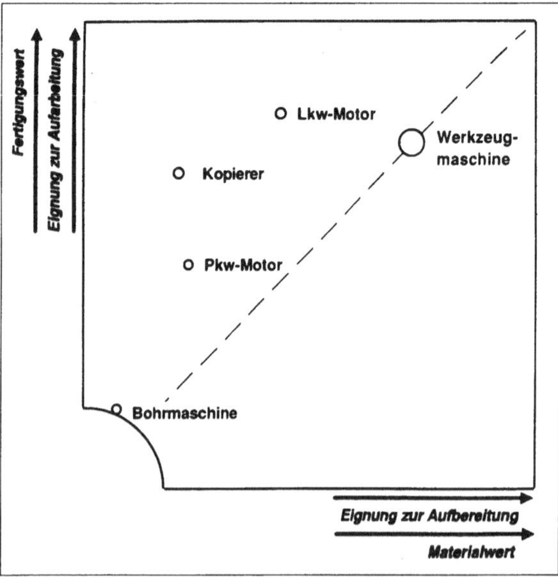

Abb. 14: *Suchraum zur Produkteignung für Aufarbeitung oder Aufbereitung nach Wertkriterien*

Teil 4: Produktrecycling

Als zugehörige Regel läßt sich formulieren:
- bei hohem anteiligen Materialwert ist die Aufbereitung,
- bei hohem anteiligen Fertigungswert ist die Aufarbeitung,
- bei hohem anteiligen Montagewert ist die Instandsetzung

das für das betrachtete Produkt bevorzugt geeignete Produktrecyclingverfahren.

Läßt man die Instandsetzung, die nur bei hohem Montagewert lohnend ist, außer Betracht, so zeigt Abbildun 14 den zweidimensionalen Suchraum für die Wertkriterien »Fertigungswert« und »Materialwert« mit einigen Beispielen.

Der Kopierer beinhaltet, wie unter »Mengenkriterien« bereits erwähnt, einen höheren Fertigungs- als Materialwert und ist daher auch hier eher für die Aufarbeitung geeignet.

In diesem Suchraum beginnt der Bereich, in dem sich ein Recycling durch Aufarbeitung oder Aufbereitung lohnt, naturgemäß erst in einem bestimmten Abstand des Wertes vom Nullpunkt in beiden Achsen, der einen Mindestwert darstellt. Dieser Wert entspricht dem bereits vorstehend genannten unteren Schwellenwert von ungefähr drei Instandsetzungslohnstunden.

Bei hohem absolutem Wert beider Wertschöpfungsbestandteile endet auch die Trennungslinie zwischen Aufarbeitung und Aufbereitung in Abbildung 14, da sich die Anwendungsbereiche beider Recyclingverfahren bei Produkten mit absolut gesehen hohem Material- und Fertigungswert überschneiden, sich also beide Recyclingformen anböten.

Dies läßt sich an einem Praxisbeispiel leicht belegen: Für eine Werkzeugmaschine beispielsweise, die hohen Material- und Fertigungsaufwand in der Neuproduktion verursacht und somit eine Wertschöpfung beinhaltet, sind in der Praxis Produktrecycling-Anwendungen gleichermaßen durch Instandsetzungen, durch Aufarbeitung einschließlich Modernisierung nach einer Nutzungsphase sowie durch Aufbereitung nach Ende der letzten Nutzungsphase vorzufinden.

Hierbei hat natürlich das höherwertige Recyclingverfahren – also Aufarbeitung zur erneuten Verwendung – Vorrang.

Die Auswahl des geeigneten Recyclingverfahrens hängt jedoch dabei auch von Einflüssen aus der Produktnutzungszeit ab, die als Innovationskriterien noch behandelt werden.

Zeitkriterien

Drei wichtige, mit dem Faktor Zeit zusammenhängende Kriterien beeinflussen die Eignung eines Produkts zur Aufarbeitung:
- das Verhältnis von vorgesehener Produktgesamtlebensdauer zu tatsächlicher Produktnutzungszeit pro Lebenszyklus,
- das Verhältnis von Produktlebenszeit am Markt zu tatsächlicher Pro-

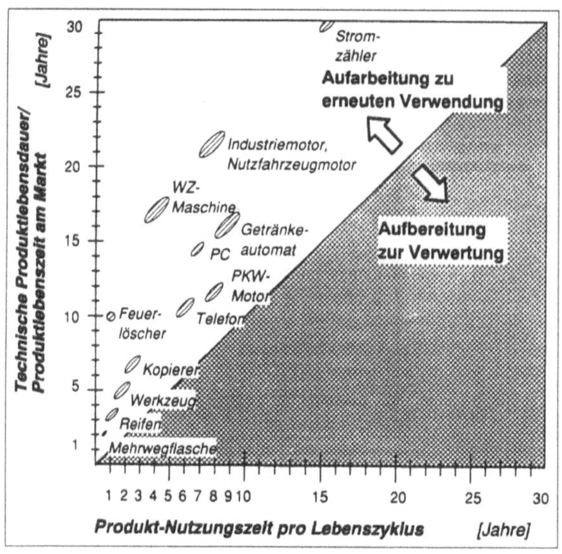

Abb. 15: *Suchraum zur Produkteignung für Aufarbeitung oder Aufbereitung nach Produktlebensdauer bzw. -lebenszeit*

duktnutzungszeit pro Lebenszyklus sowie

- der Zeitpunkt der Aufarbeitung – während der gleichzeitig noch laufenden Neuproduktion desselben Produkts oder nach Auslauf der Neuproduktion.

Bei den ersten beiden Kriterien, die in gewissem Sinne zusammenhängen, leuchtet sofort ein, daß die technische Produktlebensdauer und die Produktlebenszeit am Markt größer sein müssen oder, noch besser, ein Vielfaches der tatsächlichen Produktnutzungszeit betragen müssen:

Ein Reifen kann nur runderneuert werden, wenn für ihn auch ein »zweiter Lebenszyklus« möglich ist, einerseits aus rein technischer Sicht, andererseits auch, indem noch Bedarf in der entsprechenden Reifengröße am Markt besteht, da noch entsprechende Fahrzeuge im Verkehr sind.

Analog ist der Austauschmotor zu sehen, der ja Bestandteil des übergeordneten Produkts »Kraftfahrzeug« ist. Die Lebensdauer und die Lebenszeit des Kfz müssen am Markt größer sein als der Lebenszyklus des Motors selbst. Dasselbe gilt jedoch auch für eigenständige Produkte wie beispielsweise einem Telefon, das nach einer Störung zentral aufgearbeitet und dann an einen anderen Kunden weitervermietet wird.

Die Verhältnisse zwischen Produktlebensdauer oder -lebenszeit zu Produkt-

Teil 4: Produktrecycling

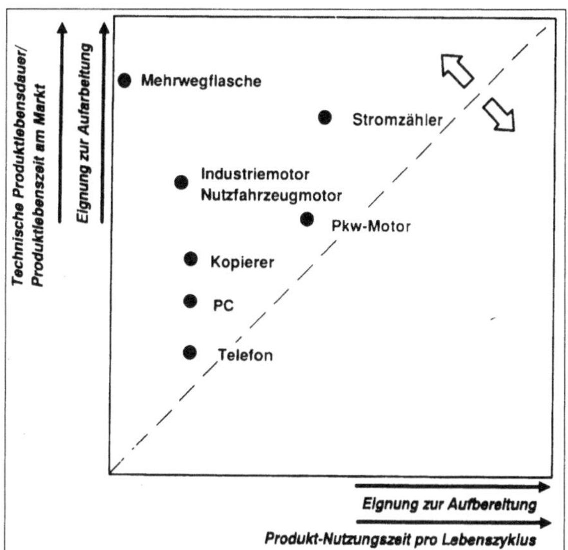

Abb. 16: *Suchraum zur Produkteignung für Aufarbeitung oder Aufbereitung mit normierter Skala zu Zeitkriterien*

nutzungszeit pro Zyklus zeigt Abbildung 15 für zahlreiche Produkte, die nach einer Aufarbeitung oft viele Male wiederverwendet werden.

Je länger ein Produkt technisch und wirtschaftlich lebensfähig ist, desto mehr eignet es sich zur Aufarbeitung – um so stärker, je kürzer die eigentliche Nutzungszeit des einzelnen Produktes ist. Eine computergesteuerte (CNC-)Werkzeugmaschine hat eine Lebensdauer der Mechanik von über 15 Jahren, ihre Nutzungszeit kann aber auf nur fünf Jahre beschränkt sein, da dann die elektronische Steuerung veraltet ist. Was liegt näher, als die verbleibende Lebensdauer durch eine wirtschaftlich sehr lohnende Aufarbeitung auch

noch auszunutzen, statt ein teureres Neuprodukt herzustellen und somit zehn Jahre potentielle Nutzungszeit der Altmaschine zu »verschenken«?

Die in Abbildung 15 verwendete absolute Skaleneinteilung der beiden Achsen für Lebensdauer bzw. Nutzungszeit in Jahren ist zwar recht anschaulich – für einen die relative Eignung eines Produktes ausweisenden zweidimensionalen Suchraum müssen die Achsen allerdings stärker normiert werden, wie Abbildung 16 zeigt: Dabei wird die Lebensdauer des betrachteten Produkts (unabhängig von ihrem Absolutwert) als normierter Wert »1« (= 100 Prozent Lebensdauer) eingetragen.

23

Für alle zu vergleichenden Produkte ist auf der senkrechten Achse die Produktlebensdauer einheitlich eingetragen.

Erst entsprechend den im Verhältnis unterschiedlichen Nutzungszeiten der zu vergleichenden Produkte ergeben sich dann unterschiedliche Positionen der Produkte im Suchraum. Produkte mit höherer Lebensdauer als Nutzungszeit finden sich um so deutlicher im Eignungsbereich »Aufarbeitung«, je höher das Vielfache von Lebensdauer gegenüber Nutzungszeit ist, je öfter also während der Lebensdauer eine Aufarbeitung zur erneuten Nutzbarmachung des Produktes durchgeführt werden könnte. Entsprechend findet sich in Abbildung 16 die Mehrwegflasche, die ja bekanntermaßen mehrere Dutzend Male wiederverwendet wird, am weitesten innerhalb des Aufarbeitungsfeldes.

Es fällt auf, daß sich der Pkw-Motor in Abbildung 16 im Bereich der Aufbereitung befindet, obwohl er natürlich in der Praxis sehr erfolgreich aufgearbeitet wird. Einerseits ist diese Position darauf zurückzuführen, daß die Lebensdauer des Pkw-Motors sich weniger in Jahren, sondern eher in Laufleistung messen läßt, ein Motor, der nur fünf Jahre alt, aber 200.000 km gelaufen ist, einem Motor von zehn Jahren mit der gleichen Laufleistung also gleichwertig ist.

Andererseits macht die in diesem Suchraum ungünstig ausgefallene Position des Pkw-Motors deutlich, daß die Entscheidung »Aufarbeitung oder Aufberei-tung« nie nur aufgrund von einem einzigen Kriterium erfolgen darf (wie hier aufgrund des Verhältnisses von Lebens- und Nutzungsdauer). Erst durch die Auswertung aller Kriterien, die für diese Entscheidung wichtig sind, kann eine verläßliche Einschätzung der Produkteignung für Aufarbeitung oder Aufbereitung erfolgen.

....

Literatur

[1]   STEINHILPER, R.: *Recycling in der Industrie – technisch und wirtschaftlich erfolgreicher Umweltschutz. FhG-Berichte, Umwelt II (1988)*

[2]   STEINHILPER, R.: *Produktrecycling im Maschinenbau. IPA-IAO Forschung Praxis Nr. 115. Springer, Berlin 1988*

[3]   VDI-RICHTLINIE 2243: *Konstruieren recyclinggerechter technischer Produkte. Grundlagen und Gestaltungsregeln. Düsseldorf: VDI 1993*

[4]   STEINHILPER, R.: SERIE *»Produktrecycling«: Neue Branchenführer heben sich ab durch die Ökoqualität (1). In: VDI nachrichten (1993) Nr. 28, S. 15; Nachsorge lehrt vorsorgen (2). In: VDI nachrichten (1993) Nr. 29, S. 12; Eine gute Konstruktion glänzt durch Weglassen (3). In VDI nachrichten (1993) Nr. 30, S. 12; Upcycling statt Downcycling (4). In: VDI nachrichten (1993) Nr. 31., S. 12; Vermarkten heißt auch »Entmarkten« (5). In: VDI nachrichten (1993) Nr. 32, S. 12; EDV bringt Effizienz in die Entsorgung (6). In: VDI nachrichten (1993) Nr. 33, S. 12*

Teil 4: Produktrecycling

[5] STEINHILPER, R.: *Hudlemaier, U.: Erfolgreiches Produktrecycling zur erneuten Verwendung oder Verwertung. Ein Leitfaden für Unternehmen. Eschborn: Rationalisierungs-Kuratorium der Deutschen Wirtschaft (RKW), 1993*

[6] BRINKMANN, T.; EHRENSTEIN, G.; STEINHIL-PER, R.: *Umwelt- und recyclinggerechte Produktentwicklung. WEKA: Augsburg 1993*

[7] STEINHILPER, R.: *Der Horizont des Konstrukteurs bestimmt den Erfolg beim Recycling. In: Konstruktion 42 (1990), Nr. 12, S. 396 - 404*

Zusammenfassung

Die Aufarbeitung und erneute Verwendung zerstörungsfrei demontierterter Bauteile (Upcycling) ist eine zukunftsfähige Form des Produktrecycling. In der industriellen Praxis lassen sich hierfür schon viele interessante Anwendungsbeispiele finden. Ein klassisches Beispiel aus der Mechanik ist der Fahrzeugbau. Austauschmotoren für den Ersatzteilbedarf werden für nahezu alle laufenden und auch ausgelaufenen Pkw-Modelle angeboten. Mit dem Recyclingprozeß ist oft eine Aufwertung und eine Qualitätserhöung oder eine Nutzungsänderung verbunden.

Durch Aufarbeiten, Modernisieren, hardwaremäßiges Erweitern und softwaremäßiges Neuausstatten von Büro- und Kommunikationselektronik ist in den letzten 10 Jahren mit der Elektronik ein stark wachsendes Anwendungsfeld für Upcycling-Produkte entstande. Durch den Einsatz neuer, schonender Techniken beim Entlöten von elektronischen Bauelementen können Qualitätsverluste vermieden werden.

In der Mechatronic (Schnittstelle zwischen Mechanik und Elektronik) bietet das Industrieroboter-Upcycling eine kostengünstige Möglichkeit zur umfassenden Modernisierung.

Die Eignung von Produkten für die Aufarbeitung oder Aufbereitung läßt sich mit der »Portfoliotechnik zur Recyclingeignung« beurteilen. Grundsätzlich lassen sich zwei Recyclingwege unterscheiden:

- Aufarbeitung zur erneuten Verwendung (inklusive Upcycling) und
- Aufbereitung zur Verwertung (meist Downcycling).

Bei der Einordnung spielen folgende Kriterien eine wichtige
Rolle:
- technische Kriterien,
- Mengenkriterien,
- Wertkriterien,
- Zeitkriterien,
- Innovationskriterien,
- Entsorgungskriterien,
- Kriterien, die die Wechselwirkungen mit der Neuproduktion betreffen,
- sonstige Kriterien wie Markt, Image, Produkthaftung usw.

Anhang: Umweltverträglichkeits- prüfung – aktuelle Entwicklungen und Perspektiven

SABINE HÄRING, WILLFRIED NOBEL

Im Zusammenhang mit der Durchführung und Anwendung von Umweltverträglichkeitsprüfungen (UVP) stehen im Laufe des Jahres 1999 einige Änderungen bevor, deren Inhalte und Auswirkungen – soweit derzeit absehbar – nachfolgend skizziert werden.

Die zu erwartenden Änderungen gehen einerseits zurück auf verschiedene Richtlinien und Richtliniennovellen der Europäischen Gemeinschaften, andererseits auf die seit längerer Zeit in der Bundesrepublik Deutschland diskutierte und angestrebte Zusammenführung der umweltrechtlichen Regelungen im Rahmen eines »Umweltgesetzbuches«.

....

In bundesdeutsches Recht umzusetzende EG-Richtlinien

Die von den Europäischen Gemeinschaften ausgehenden Änderungsanforderungen in direktem oder indirektem Zusammenhang mit der Umweltverträglichkeitsprüfung sind:

- Richtlinie 97/11/EG des Rates vom 03.03.1997 zur Änderung der Richt-
linie 85/337/EWG über die Umweltverträglichkeitsprüfung bei bestimmten öffentlichen und privaten Projekten (UVP-Richtlinie) [1].
- Richtlinie 96/91/EG des Rates vom 24.09.1996 über die integrierte Vermeidung und Verminderung der Umweltverschmutzung (IVU-Richtlinie) [2].

Die Novelle der EG-UVP-Richtlinie (97/11/EG) ist von den Mitgliedstaaten bis zum 14.03.1999, die IVU-Richtlinie bis zum 30.10.1999 in nationales Recht umzusetzen.

Die novellierte EG-Richtlinie über die UVP (97/11/EG) dient der Harmonisierung der Grundsätze für die Umweltverträglichkeitsprüfung im Sinne einer Vereinheitlichung von Wettbewerbsbedingungen für den gemeinsamen Markt. Dabei verlangt die Neufassung von den Mitgliedstaaten, den Kreis der prüfpflichtigen Projekte erheblich auszuweiten.

Neu im Katalog der in jedem Fall einer UVP zu unterziehenden Projekte sind zum Beispiel:
- Anlagen zur Verbrennung von ungefährlichen Abfällen,
- Grundwasserentnahmen,

- Abwasserbehandlungsanlagen,
- Anlagen zur Gewinnung von Erdöl und Erdgas,
- Anlagen zur Intensivhaltung von Nutztieren,
- Anlagen zur Herstellung von Zellstoff und Papier,
- Steinbrüche,
- Hochspannungsleitungen,
- Anlagen zum Lagern von Erdöl und petrochemischen Erzeugnissen,

jeweils ab einer im Rahmen der Richtlinien definierten Anlagengröße oder -leistung. Desweiteren enthält die Richtlinie einen sehr umfassenden Katalog von Vorhaben, für den die Mitgliedstaaten selbst die Möglichkeit haben, die Prüfpflicht durch Schwellenwerte oder Kriterien (Einzelfalluntersuchung) wieder einzuschränken. Da zur Zeit nicht absehbar ist, ob oder in welchem Ausmaß die Liste der möglicherweise UVP-pflichtigen Vorhaben bei der Umsetzung in bundesdeutsches Recht eingeschränkt wird, wird auf eine Auflistung der Vorhaben an dieser Stelle verzichtet.

Mit der IVU-Richtlinie (96/91/EG) wird der medienübergreifende Umweltschutz im Anlagenzulassungsrecht der Europäischen Union zur Pflicht. Die IVU-Richtlinie verfolgt das Konzept einer »integrierten Genehmigung« zur Verminderung der Verschmutzung. So sind Emissionen in Luft, Wasser und Boden unter Einbeziehung der Abfallwirtschaft soweit wie möglich zu vermeiden oder zu vermindern, um ein hohes Schutzniveau für die Umwelt insgesamt zu erreichen. Mit diesem integrierten Ansatz soll die Verlagerung von Verschmutzungen von einem Umweltmedium auf ein anderes vermieden werden. Eine weitere wesentliche inhaltliche Anforderung der IVU-Richtlinie besteht darin, die Emissionsgrenzwerte auf »beste verfügbare Techniken« (BVT) zu stützen. In diesem Zusammenhang wird zur Zeit von der Europäischen Kommission ein Informationsaustausch zwischen den Mitgliedstaaten und der betreffenden Industrie über die besten verfügbaren Techniken (BVT), die damit verbundenen Überwachungsmaßnahmen und die Entwicklungen auf diesem Gebiet organisiert. Die IVU-Richtlinie betrifft folgende Kategorien industrieller Tätigkeiten, wobei ihre Anwendung jeweils durch anlagenbezogene Schwellenwerte geregelt ist: Energiewirtschaft, Herstellung und Verarbeitung von Metallen, Mineralverarbeitende Industrie, Chemische Industrie, Abfallbehandlung, sonstige Industriezweige.

Die IVU-Richtlinie weist mit ihrem medienübergreifenden Ansatz Parallelen zum UVP-Recht der EG auf, geht jedoch teilweise über die UVP-Richtlinie hinaus bzw. legt andere Schwerpunkte. Während die UVP als Instrument zur Umweltvorsorge für neue Vorhaben oder wesentliche Änderungen dient, ist die IVU-Richtlinie nach einer bestimmten Frist auch auf bestehende (genehmigte) Anlagen anzuwen-

Folgelieferung Januar '99

den. Desweiteren müssen die Genehmigungsauflagen regelmäßig überprüft und – bei Fortentwicklung der verfügbaren Techniken – gegebenenfalls aktualisiert werden.

....

Auf Bundesebene zu erwartende Änderungen der Umweltgesetzgebung

In der Bundesrepublik Deutschland ist beabsichtigt, die neugefaßte Richtlinie zur UVP (97/11/EG) zusammen mit der Richtlinie über die integrierte Vermeidung und Verringerung der Umweltverschmutzung (IVU-Richtlinie, 96/62/EG) in innerstaatliches Recht umzusetzen. Hierbei ist vorgesehen, die Umsetzungen mit den Arbeiten zum geplanten Umweltgesetzbuch (UGB) zu verbinden [3]. Ein erster Entwurf für ein erstes Buch zum Umweltgesetzbuch wurde von einer unabhängigen Sachverständigenkommission unter dem Vorsitz von Prof. Dr. H. Sendler erarbeitet und der damaligen Bundesumweltministerin Merkel am 09.09.1997 überreicht [4].

Vorrangiges Ziel des Umweltgesetzbuches ist eine Vereinfachung sowie die Zusammenführung der bislang medial orientierten und teils widersprüchlichen Umweltgesetzgebung. Gleichzeitig soll die Umweltgesetzgebung mit dem Umweltgesetzbuch dem internationalen und besonders dem europäischen Recht angepaßt werden. Regelungen betreffend die Zulassung von Anlagen sollen dabei in einem ersten Buch des Umweltgesetzbuches verabschiedet werden. Generell soll statt der medialen Vereinzelung (z.B. BImSchG, WHG etc.) im Rahmen der Vorhabengenehmigung einheitlich und medienübergreifend über die Zulassung von Vorhaben entschieden werden, die regelmäßig Auswirkungen auf mehrere Umweltgüter haben können. In diesem Zusammenhang sollen für die betreffenden Anlagen medienübergreifende Genehmigungsvoraussetzungen entwickelt werden. Das erste Buch des Umweltgesetzbuches soll die einschlägigen geltenden Vorschriften im UVP-Gesetz, im Bundes-Immissionsschutzgesetz und im Kreislaufwirtschafts- und Abfallgesetz ersetzen.

Wenngleich aufgrund des zwischenzeitlichen Regierungswechsels noch nicht abzusehen ist, inwieweit der vorliegende UGB-Entwurf in seinen inhaltlichen Aussagen Bestand haben wird, so ist zumindest sicher, daß an dem Ziel, das zersplitterte Umweltrecht in einem Umweltgesetzbuch zusammenzuführen, auch seitens der neuen Bundesregierung festgehalten wird [5].

....

Literatur

[1] *Richtlinie 97/11/EG des Rates vom 03.03.1997 zur Änderung der Richtlinie 85/337/EWG über die Umweltverträglichkeitsprüfung bei bestimmten öffentlichen und privaten Projekten (UVP-Richtlinie), Amtsbl. EG, L 73 vom 14.03.1997, S. 5*

[2] *Richtlinie 96/91/EG des Rates vom 24.09.1996 über die integrierte Vermeidung und Verminderung der Umweltverschmutzung (IVU-Richtlinie), Amtsbl. EG L 257 vom 10.10.1996, S. 26*

[3] SAUER, G.W.: *Erstes Buch zum Umweltgesetzbuch – Ein Beitrag zur »Entschleunigung« von Genehmigungsverfahren für Industrieanlagen !? In: Immissionsschutz, 3. Jg. H. 3 1998, S. 116-120.*

[4] BMU (Hrsg.): *»Umweltgesetzbuch (UGB-KomE) – Entwurf der unabhängigen Sachverständigenkommission zum Umweltgesetzbuch beim Bundesministerium für Umwelt, Naturschutz und Reaktorsicherheit«, Vorsitzender Prof. Dr. H. Sendler, Präsident a.d. des Bundesverwaltungsgerichts. Bonn, 1997.*

[5] *Aufbruch und Erneuerung – Deutschlands Weg ins 21. Jahrhundert. Koalitionsvereinbarung zwischen der Sozialdemokratischen Partei Deutschlands und Bündnis 90/Die Grünen. Bonn, 20. Oktober 1998.*

04.08

Fachdatenbank Umweltmanagement und Öko-Audit

MICHAEL LÖRCHER

Programmname/ Version	Fachdatenbank Umweltmanagement und Öko-Audit
Kurzbeschreibung	Datenbankgestützte Sammlung von Fachinformationen zum Thema Öko-Audit und ISO 14001
Zielgruppe	Industrie, Behörde, Beratung
Preis	Einzellizenz 395,– DM, Netzwerklizenzen auf Anfrage, Aktualisierung (4 mal jährlich) 148,– DM
Beschreibung	Digitale Fachdatenbank mit kompletten rechtlichen Grundlagen im Originaltext, praxisorientierten Erläuterungen und vielen Arbeitshilfen zum Thema Öko-Audit und ISO 14001, vorgefertigte Schulungs- und Präsentationsfolien, Adreßdatenbank und Glossar •
Bemerkungen	Aktualisierung (Update-Service) der Fachdatenbank erfolgt viermal jährlich
Dokumentation und Schulung	Handbuch und Online-Hilfe
Betriebssystem	Windows 3.1 bzw. 95/98
Softwareumgebung	Datentransfer über Zwischenablage, Export in verschiedenen Text-Formaten (ASCII, WinWord, WordPerfect)
Hardwareumgebung	ab 80486 mit 16 MB Arbeitsspeicher, VGA Grafik
Speicherbedarf	15 MB Festplattenspeicher
Speichermedium	wird auf CD-ROM ausgeliefert
Sprache	deutsch, englisch
Bezugsadresse	UB MEDIA Verlag GmbH Gewerbestr. 10-12 84427 St. Wolfgang Tel.: 08085/9300-0 Fax: 08085/808
Ansprechpartner/ Informationen	email: sales@ubmedia.com; internet: http://www.ubmedia.com

Umberto

Michael Lörcher

Programmname/ Version	Umberto ® 3.1
Kurzbeschreibung	Software zur Erstellung von Ökobilanzen und Stoffstrom-analysen mit der Möglichkeit einer integrierten Kosten-rechnung zur Unterstützung der Durchführung des EG-Öko-Audits
Zielgruppe	Industrie, Umweltberater, Forschung und Lehre
Preis	Umberto business 7.900,– DM, Umberto consult 23.700,– DM Netzwerklizenzen auf Anfrage
Beschreibung	Datenbankgestützte Software zur Stoffstrommodellierung und -analyse und Erstellung von produkt-, prozeß- oder betriebs-bezogenen Ökobilanzen, Unterstützung des Umweltmanage-ments und -controlling, umfangreiche Prozeß- und Material-daten-Bibliothek, Bewertungsmodul, Kostenrechnungsmodul, Sankey-Diagramme, zur Massenflußdarstellung
Bemerkungen	Das neue Kostenrechnungsmodul erlaubt es, umweltrelevante Kosten in Stoff- und Energieflußsystemen zu berücksichtigen. Damit läßt sich die Kostensituation von Prozeßvarianten und verschiedener Szenarien analysieren. Die Consult-Version ist mandantenfähig und kann so für mehrere Standorte oder Kunden eingesetzt werden.
Dokumentation und Schulung	Handbuch und Online-Hilfe Einführungs- und Fortbildungskurs (2-tägig) je 500,- DM Individuelle Kunden-Schulung auf Anfrage Regelmäßige Anwender-Workshops, Userforum im WWW
Betriebssystem	Windows 95/98 oder Windows NT 4.0
Softwareumgebung	Datenbankschnittstelle via ODBC (Access, Paradox, etc.) sowie via SQL (Oracle, Informix, Interbase, DB2, SQL Server, etc.), außerdem Export von XLS und ASCII-Formaten und Übernahme von Diagrammen über die Zwischenablage
Hardwareumgebung	ab Pentium 133 mit 32 MB Arbeitsspeicher, SVGA Grafik
Speicherbedarf	150 MB freien Festplattenspeicher
Speichermedium	wird auf CD-ROM ausgeliefert
Sprache	deutsch, englisch

Teil 3: Programmsteckbriefe

Bezugsadresse	ifu Institut für Umweltinformatik Im Winkel 3 D-20251 Hamburg Telefon: 040 / 480 009-0 Telefax: 040 / 480 009-22 Ansprechpartner Frau Prox
Ansprechpartner/ Informationen	email: info@ifu.com; internet: http://www.ifu.com

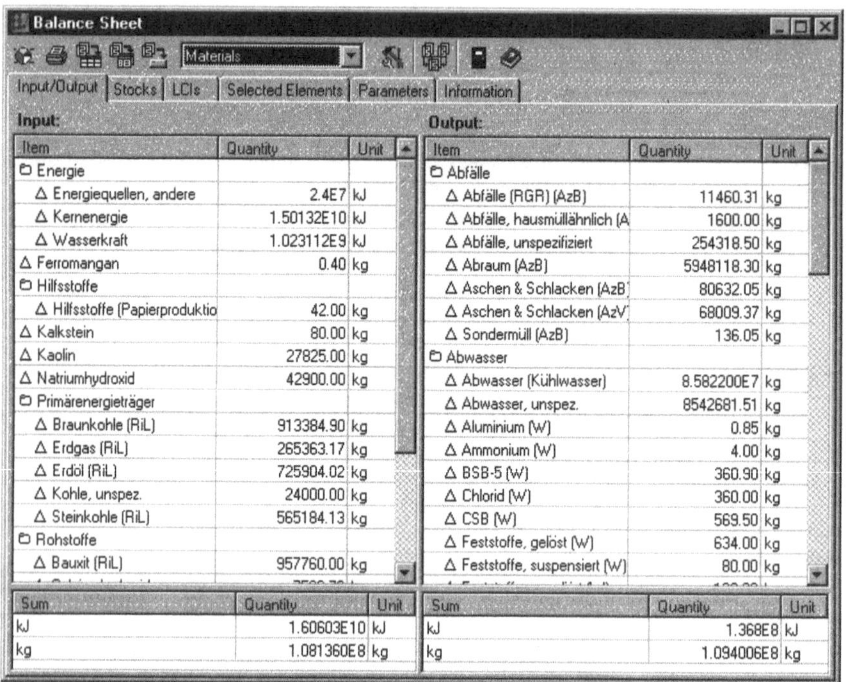

Input:

Item	Quantity	Unit
▢ Energie		
△ Energiequellen, andere	2.4E7	kJ
△ Kernenergie	1.50132E10	kJ
△ Wasserkraft	1.023112E9	kJ
△ Ferromangan	0.40	kg
▢ Hilfsstoffe		
△ Hilfsstoffe (Papierproduktio	42.00	kg
△ Kalkstein	80.00	kg
△ Kaolin	27825.00	kg
△ Natriumhydroxid	42900.00	kg
▢ Primärenergieträger		
△ Braunkohle (RiL)	913384.90	kg
△ Erdgas (RiL)	265363.17	kg
△ Erdöl (RiL)	725904.02	kg
△ Kohle, unspez.	24000.00	kg
△ Steinkohle (RiL)	565184.13	kg
▢ Rohstoffe		
△ Bauxit (RiL)	957760.00	kg

Sum	Quantity	Unit
kJ	1.60603E10	kJ
kg	1.081360E8	kg

Output:

Item	Quantity	Unit
▢ Abfälle		
△ Abfälle (RGR) (AzB)	11460.31	kg
△ Abfälle, hausmüllähnlich (A	1600.00	kg
△ Abfälle, unspezifiziert	254318.50	kg
△ Abraum (AzB)	5948118.30	kg
△ Aschen & Schlacken (AzB)	80632.05	kg
△ Aschen & Schlacken (AzV)	68009.37	kg
△ Sondermüll (AzB)	136.05	kg
▢ Abwasser		
△ Abwasser (Kühlwasser)	8.582200E7	kg
△ Abwasser, unspez.	8542681.51	kg
△ Aluminium (W)	0.85	kg
△ Ammonium (W)	4.00	kg
△ BSB-5 (W)	360.90	kg
△ Chlorid (W)	360.00	kg
△ CSB (W)	569.50	kg
△ Feststoffe, gelöst (W)	634.00	kg
△ Feststoffe, suspensiert (W)	80.00	kg

Sum	Quantity	Unit
kJ	1.368E8	kJ
kg	1.094006E8	kg

Abb. 1: *Benutzeroberfläche von Umberto*

Sektion 05, Fallreportagen

05.01   **Produktion**
Teil 1: Klebstoffchemie
von Gerwin U. Schüttpelz
(Stand: Dezember '96)
Teil 2: Metallverarbeitende Industrie
von Karl Neff
(Stand: März '95)
Teil 3: Automobilindustrie
von W. Brandstetter und W. Hennig
(Stand: April '97)
Teil 4: Nahrungsmittel
von Bernhard Hanf
(Stand: Januar '99)
Teil 5: Verpackungsindustrie
von Matthias Bauer
(Stand: März '95)
Teil 6: Elektronik
von Alois Hampp
(Stand: Dezember '97)

Teil 7-8: Zur Zeit nicht besetzt

Teil 9: Lacke und Farben
von Herrmann Fischer
(Stand: März '95)
Teil 10: Bekleidungsindustrie
von Wolf D. Hartmann, Karen Schmidt, Roger Schmidt und Cornelia Steilmann
(Stand: April '97)
Teil 11: Pharmazie
von István Gózon und Heinz Köser
(Stand: März '95)
Teil 12: Hausgeräte
von Reiner König
(Stand: Dezember '96)

Teil 13: Bauindustrie
von Christa Endemann
(Stand: Mai '98)

05.02 **Dienstleistung**

Teil 1: Banken
von Silvia Weiss
(Stand: Dezember '95)

Teil 2: Einzelhandel
von Helge Rixen und Martina Nehls-Sahabandu
(Stand: August '96)

Teil 3: Zur Zeit nicht besetzt

Teil 4: Luftverkehr
von Franz Wyss
(Stand: März '95)

Teil 5: Logistik
von Hugo Fiege
(Stand: Dezember '95)

Teil 6: Versandhandel
von Hans-Peter Dorlöchter
(Stand: Dezember '96)

Teil 7: Umweltmanagement im Krankenhaus
von Willi Müller, Martin Mühlich,
Franz Daschner
(Stand: Dezember '97)

Fallreportage: Produktion
Teil 4: Nahrungsmittel

In der Nahrungsmittelbranche – speziell im sensiblen Babynahrungsbereich – werden Umweltschutzaktivitäten in der Regel von den Verbrauchern honoriert. Einige Nahrungsmittelhersteller haben sich daher daher relativ früh mit Umweltschutzthemen beschäftigt. Ein Unternehmen, das sich nicht nur im Produktbereich, sondern auch im Betrieb sehr stark für den Umweltschutz engagiert, ist der Babynahrungshersteller Hipp.

Stichworte: Umweltpolitik; Umweltmanagementsystem; Ökobilanzen; Umweltkostenrechnung; Umweltschutzkosten; Biologischer Anbau; Umweltkennzahlen; Biodiesel; Öffentlichkeitsarbeit; Umweltauszeichnungen.

Folgelieferung Januar '99

BERNHARD HANF

Das Unternehmen

Als mittelständisches Familienunternehmen mit rund 750 Mitarbeitern zählt Hipp nicht nur zu den führenden Babynahrungsherstellern in Europa, sondern ist auch weltweit größter Verarbeiter organisch-biologischer Rohstoffe. Alle innerbetrieblichen Produktionsabläufe werden auf ihre Umweltverträglichkeit hin überwacht. Von Säuglingsmilchnahrungen über Breie und Babykost im Glas bis zum fertigen Kindermenü für die Kleinen ab einem Jahr reicht das Sortiment an Lebensmitteln. Der Stammsitz des 1932 von Georg Hipp gegründeten Unternehmens ist im oberbayerischen Pfaffenhofen/Ilm. Weitere Produktionsstätten liegen in Österreich, Schweiz und Ungarn. Wichtige Absatzmärkte sind Österreich, Schweiz,

> **In diesem Beitrag erfahren Sie:**
> - Wie eine betriebliche Input-Output-Analyse aussieht und was Sie bei der Erstellung beachten müssen.
> - Wie durch konsequentes Umweltmanagement Umweltauswirkungen auf allen betrieblichen Ebenen reduziert werden können.
> - Wie die betrieblichen Umweltkennzahlen aussehen.
> - Welche Faktoren für die Produktion ökologischer Nahrungmittel von Bedeutung sind.

Frankreich, Großbritannien, Benelux, Ungarn, Polen, Tschechien, Slowakei, GUS.

Umweltmanagementsystem

Mit der Einrichtung einer Abteilung für Umweltschutz im Unternehmen wurde die Möglichkeit geschaffen, ein konse-

Umweltleitlinien beschreiben die Ziele
Der Stellenwert des Umweltschutzes wird unter anderem durch die Umweltleitlinien dokumentiert. Die Einstellung eines hauptamtlichen Umweltkoordinators (1992), die Erstellung einer Öko-Bilanz (1933) und eines Umweltberichts (1994) zeugen von der Ernsthaftigkeit bei der Verwirklichung des Umweltgedankens. Als erster großer Lebensmittelhersteller in Europa hat Hipp im Dezember 1995 das EG-Öko-Audit bestanden.

Rohstofflieferanten

Rohstoffe werden bei namhaften Bioverbänden und Erzeugerzusammenschlüssen eingekauft. Mehr als 1000 Landwirte in verschiedenen Ländern sind an der Erzeugung von Bio-Obst und -Gemüse für Hipp beteiligt. Die Anbauflächen für diesen Bereich übertreffen 15.000 ha. Über die Jahre stieg der Bio-Rohstoffeinsatz stetig an und liegt heute bei 73 Prozent.

Qualitätssicherung im Einklang mit der Natur

Grundlage für den Erfolg des Unternehmens mit einem Umsatz von rund 320 Millionen DM ist eine Philosophie, die sich zum Ziel gesetzt hat, stets gleichbleibende Spitzenqualität im Einklang mit der Natur zu produzieren. Die Gesundheit der Kinder und die Sicherheit der Eltern haben oberste Priorität. Jeder zehnte Mitarbeiter ist daher für die Qualitätskontrolle zuständig.

Investitionen für die Zukunft

Um auf dem wettbewerbsintensiven europäischen Markt den hohen Qualitätsstandard auch weiterhin aufrecht zu erhalten, wurde 1993 in Pfaffenhofen eine hochmoderne Produktionsanlage für die Sterilisation der Gläschen in Betrieb genommen, die Wassereinsparungen von rund 40 Prozent ermöglicht: eine zukunftsweisende Investition von 30 Millionen DM für Standort und Unternehmen.

quentes und integriertes Umweltmanagement zu entwickeln, in das alle Unternehmensbereiche mit einbezogen sind. Ziel des Umweltmanagementsystems ist die kontinuierliche Verbesserung der betrieblichen Umweltsituation bei Hipp.

In der ersten Phase wurde die Umweltpolitik bestehend aus den Umweltleitlinien und Umweltzielen festgelegt. Auf Grundlage der Ökobilanz, die seit 1993 erstellt wird, erfolgte eine umfangreiche Umweltprüfung. In verschiedenen Schwachstellenanalysen wurden Bereiche aufgedeckt, die verbesserungswürdig sind. Diese werden anhand von Maßnahmen, die im Umweltprogramm aufgelistet sind, abgearbeitet.

Umweltpolitik

Seit 18.7.1995 sind die Umweltleitlinien die Grundlage für die kontinuierliche Verbesserung des betrieblichen Umweltschutzes von Hipp und sind Teil der Unternehmenspolitik. Ihre Umsetzung liegt damit direkt in der Verantwortung der Geschäftsleitung und wird durch ein funkti-

Folgelieferung Januar '99

Umweltleitlinien

- Der Einsatz umweltfreundlicher Technologien ermöglicht uns, schädliche Auswirkungen auf die Umwelt zu minimieren.
- Vom Unternehmen ausgehende Umweltbelastungen werden ständig überwacht, dokumentiert und bewertet. Möglichkeiten der Verbesserung werden in wirtschaftlich vertretbarem Umfang mit der besten verfügbaren Technik umgesetzt.
- Die Umweltbelastungen neuer Tätigkeiten, Produkte und Verfahren sollen möglichst gering sein und werden aus diesen Gründen stets im voraus beurteilt.
- Es ist unser Ziel, Ressourcen zu schonen. Regenerierbare Ressourcen sind endlichen Ressourcen vorzuziehen.
- Als weltweit größter Verarbeiter ökologisch erzeugter Rohstoffe ist es für uns eine besondere Verpflichtung, den Bio-Anteil bei unseren Produkten ständig zu erhöhen.
- Unsere Verpackungsplanung unterliegt dem Minimierungsgebot. Die Materialmenge wird so gering wie möglich gehalten, dabei achten wir besonders auf einen maximalen Anteil an Sekundärrohstoffen und recyclingfähigen Packstoffen. Verpackungsalternativen wie Mehrwegsysteme werden von uns unterstützt.
- Effektiver betrieblicher Umweltschutz ist nur durch das Mitwirken aller Beschäftigten möglich. Deshalb wollen wir das Umweltbewußtsein unserer Mitarbeiter durch Informationen, Schulungen und Unterweisungen fördern.
- Wir bieten unseren Kunden eine ständige Beratung über die Möglichkeiten der umweltfreundlichen Verwendung unserer Produkte.
- Von unseren Lieferanten und Dienstleistern erwarten wir, daß sie vergleichbare Umweltstandards erfüllen wie wir selbst.
- Wir pflegen den Dialog mit der Öffentlichkeit, indem wir über unsere Aktivitäten im Umweltschutz regelmäßig informieren und bestrebt sind, Anregungen und Wünsche der Öffentlichkeit umzusetzen.
- Der rege Kontakt zu Behörden hilft uns, Umweltbelastungen zu vermeiden bzw. zu minimieren.
- Durch ein umfassendes Störfallmanagement wollen wir das Risiko von Unfällen sowie schädliche Auswirkungen auf Mensch und Umwelt minimieren.
- Durch Kontrollsysteme sichern wir die Erfüllung der von uns gesetzten Umweltziele, die laufend nach den neuesten Erkenntnissen überprüft und gegebenenfalls neu ausgerichtet werden.

Diese Umweltleitlinien werden jedem Mitarbeiter bereits bei Arbeitsbeginn ausgehändigt.

onsfähiges Umweltmanagementsystem gesichert.

Umwelterklärung der Mitarbeiter

Zusätzlich zu den Umweltleitlinien unterzeichnen die Mitarbeiter eine Umweltschutzerklärung. Damit dokumentieren sie ihre Bereitschaft zum aktiven Umweltschutz.

Die Mitarbeiter verpflichten sich, alle bestehenden Anweisungen zum Umweltschutz zu erfüllen.

Darüber hinaus sind sie bemüht, Umweltbelastungen auf ein Minimum zu beschränken und Vorschläge zur Verbesserung des Betriebsablaufes zu machen.

Die Mitarbeiter melden umweltschädigende Vorgänge, die ihnen zur Kenntnis gelangen, unverzüglich der Abteilung Umweltschutz.

Ökobilanz

In einer Ökobilanz wird versucht, die Umwelteinwirkung eines Unternehmens zu erfassen. Alle Stoffe und Energien, die in ein Unternehmen eingehen (Input), verlassen dieses früher oder später wieder in anderer Form (Output). Die Inputmengen entsprechen den Outputmengen.

Die Inputs werden in den betrieblichen Prozessen in Outputs umgewandelt. Im Gegensatz zur betriebswirtschaftlichen Bilanz mit Aktiva und Passiva werden die Input- und Outputmengen nicht in Geldeinheiten erfaßt, sondern in physischen Einheiten wie Kilogramm, Hektoliter und Kilowattstunden. Die so gewonnenen Daten sind wichtiger Bestandteil des Umweltinformationssystems, das durch eine Software für Ökobilanzen unterstützt wird.

Von zentraler Bedeutung bei der Durchführung von Ökobilanzen ist die Einbeziehung der Mitarbeiter. Die eigentliche Effizienz entsteht durch die Beteili-

Tabelle 1: Input-Output-Bilanz

Input	1995	1996	1997	Veränderung seit 1996 in %
Rohstoffe in t	23.935	26.225	29.582	+12,8
Betriebsstoffe in t	166	150	197	+31,3
Reinigungsmittel in t	88	82	85	+3,7
Energie in MWh	40.391	45.600	47.426	+4,0
Betriebsfläche in m²	62.847	63.147	63.147	–
Gebäudefläche	28.360	28.360	28.602	+0,9
– asphaltierte Fläche	14.340	14.340	14.340	–
– Grünfläche	9.659	9.959	9.609	–3,5
– Schotterfläche	9.007	9.007	9.115	+1,0
Verpackungen in t	22.717	22.930	24.657	+7,5
Wasser in m²	467.397	485.207	462.860	–4,6
Output				
Produkte in t	35.100	40.121	43.706	+8,9
Abfall in t	8.825	8.577	10.946	+27,6
Abwasser in m²	397.618	420.908	387.546	–7,9
Emissionen in t	8.476	9.464	8.958	–5,3

gung der verschiedenen Betriebsebenen an der Erarbeitung der Bilanz und der Zusammenstellung der Daten. Dies fördert die Sensibilität für Umweltbelange bei den Mitarbeitern und erhöht damit die Motivation, ökologische Aspekte als selbständige Elemente zu berücksichtigen. Für die Entwicklung und Durchführung der ersten Hipp Ökobilanz wurde ein Projektteam aus drei Mitarbeitern von Hipp und zwei externen Beratern gebildet.

Alle Inputs und Outputs wurden mit Hilfe eines Bilanzkontenrahmens strukturiert. Tabelle 1 zeigt alle wichtigen Stoff-und Energieströme von 1995 - 1997.

Die in der Ökobilanz gewonnenen absoluten Zahlen ermöglichen nur schwer einen direkten Vergleich innerbetrieblicher Entwicklungen oder einen Vergleich mit anderen Firmen. Indem jedoch absolute Zahlen in Beziehung zu einer bestimmten Einheit, beispielsweise der Produktionstonne gesetzt werden, wird ein Vergleich möglich und Entwicklungen erkennbar.

Tabelle 2 zeigt die wichtigsten Kennzahlen der Firma Hipp der Jahre 1995-1997. Zusätzlich sind geplante Kennzahlen für das Jahr 1998 als konkrete Umweltziele angegeben. Die geplanten Umweltziele werden nach einer intensiven

Tabelle 2: Betriebliche Kennzahlen

	1995	1996	1997	Ziele 1998
Bio-Anteil in %	69,1	68,2	73,3	75,0
Betriebsstofe in kg/t	4,7	4,3	4,5	4,3
Reinigungsmittel in kg/t	2,5	2,0	1,95	1,9
Wasser in m³/t	13,3	12,1	10,6	10,0
Verpackungsmaterial kg/t	645,4	570,1	564,2	560
Energie in kWh/t	1.151	1.137	1.085	1.060
Emissionen:				
– Kohlendioxid in kg/t	241	235	205	200
– Schwefeldioxid in g/t	162	173	132	120
– Stickoxid in g/t	249	234	222	215
Abwasser in m³/t	11,3	10,5	8,9	8,5
Gesamtabfall in kg/t	251,4	212,9	250,5	230
Restmüllmenge in kg/t	5,9	5,1	5,3	5,0
organischer Abfall in kg/t	203,2	174,6	211	190

Diskussion mit dem Beteiligten (Produktion, Einkauf etc.) abgeschätzt.

Umweltprüfung

Bei der Umweltprüfung wurden die umweltrelevanten Bereiche gemäß EG-Öko Audit Verordnung mit Hilfe von Fragebögen untersucht. Umweltrelevante Bereiche sind

- Emissionen,
- Energie,
- Einkauf,
- Transport,
- Logistik und
- Gefahrstoffe etc.

Mittels einer Schwachstellenanalyse wurden Stärken und Schwächen dieser Bereiche ermittelt. Die Schwachstellen wurden anhand von Kriterien mit Prioritäten versehen. Daraufhin wurden Maßnahmen zur Behebung der Schwachstellen formuliert, die im Umweltprogramm enthalten sind.

Umweltprogramm

Das Umweltprogramm enthält eine Beschreibung von Umweltzielen und konkreten Maßnahmen. Daneben sind die Verantwortlichen und die für die Umsetzung der Maßnahmen vorgesehenen Termine festgelegt.

In Tabelle 3 sind einige Beispiele aus dem Umweltprogramm aufgeführt.

Umwelterklärung

Die Umwelterklärung wurde im Dezember 1995 veröffentlicht. Bei einer Auflage von 2000 Exemplaren wurden 570 Umweltberichte von Mitarbeitern nachgefragt, die restlichen Umweltberichte hauptsächlich von Lieferanten, Kunden, Geschäftspartnern, Journalisten, Behördenvertretern und Universitäten.

Nach einer Pressekonferenz erschienen über 70 Presseberichte in unterschiedlichen Medien. 1996 und 1997 wurden ebenfalls Umweltberichte veröffentlicht. Für 1998 wurde ein gemeinsamer Umweltbericht mit dem Hipp-Standort Österreich erstellt. Die Hipp Umweltberichte wurden von externen Organisationen geprüft und anhand von Rankings beurteilt. Dabei erreichten die Hipp-Umweltberichte die in Tabelle 4 dargestellten Ergebnisse.

....

Dialog mit der Öffentlichkeit

Der direkte und indirekte Kontakt mit den Verbrauchern, dem Handel und den Medien wird für Hipp zunehmend wichtiger. Gerade in den vergangenen Monaten haben die Diskussionen um die Lebensmittelqualität in der Bevölkerung hohe Wellen geschlagen. Es galt, eindeutig zu den heiß diskutierten Themen Stellung zu nehmen: klare Ablehnung genmanipulierter Lebensmittel, durch Bio-Erzeugung

Teil 4: Nahrungsmittel

Folgelieferung Januar '99

Tabelle 3: Auszug aus dem Umweltprogramm

Ziele	Maßnahmen	Verantwortlicher	Termin
Strom·Sparmaß·nahmen durchführen	Automatische Lichtschalter im Verwaltungsgebäude einführen	Leiter Bauwesen	konti·nuierlich
Strom·Sparmaß·nahmen durchführen	Energielast·Managementsysteme 1. Schritt: Messungen 2. Schritt: Einführen	Verfahrenstechnik	1. Schritt: 3/96
Strom·Sparmaß·nahmen durchführen	Energiesparlampen einführen	Verfahrenstechnik	konti·nuierlich
Energieeinsatz op·timieren	Optimierung des Klima·/Lüftungssystems	Verfahrenstechnik	9/96
Verminderung von Lärmemissionen	Lärmkapselung an allen möglichen Lärmquellen	Verfahrenstechnik	kontinu·ierlich
Optimierte Geschäfts·reisepraktiken	Ergänzung der Regelung für Geschäftsreisen unter ökologischen Gesichtspunkten	Geschäftsleiter·Werk	5/96
Förderung eines umweltbewußten Personenverkehrs bei den Mitarbeit·tern der Firma Hipp	Bei Einführung eines Fahrtkostenzuschusses: Zuschuß für Radfahrer und Fußgänger	Geschäftsleiter·Werk	konti·nuierlich
Motivation der Mit·arbeiter bei umwelt·politischen Belangen steigern	Begrünungsplan erstellen	Geschäftsleiter Werk	8/96
Zusammenfassung der Genehmigungen für Betriebsteile	Gesamtabnahme des Betriebes nach BlmSchG	Geschäftsleiter·Werk	Verfahren läuft
Lagerungsvor·schriften einhalten	Zentralisierung des Lagers für brenn·bare Flüssigkeiten	Geschäftsleiter·Werk	1/96
Energiebedarf verringern	Umbau des Heizungs·systems von Umluft·heizung zu Punkt·beheizung im Lager Reisgang	Geschäftsleiter·Werk	10/96

Teil 4: Nahrungsmittel

Tabelle 3: Auszug aus dem Umweltprogramm (Fortsetzung)

Ziele	Maßnahmen	Verantwortlicher	Termin
Handlungsabläufe bei umweltschädigenden Unfällen festlegen. Weitere Alarmpläne in Anlehnung an Alarmplan Hochwasser erstellen.	Präzisierung der möglichen Unfälle und Katastrophen	Leiter Arbeitssicherheit	11/95
Verbesserung des Umweltmanagementsystems; hier Umwelt-Informations-System	Weiterführung, Anpassung und Verfeinerung der Ökobilanz	Leiter Umweltschutz	kontinuierlich
Umweltfreundlicherer Fahrzeugpark	Einsatz von Nebenstromölfilter in allen Fahrzeugen	Leiter Umweltschutz	1/98
Umweltfreundlicherer Fahrzeugpark	Erprobung für den Einsatz von reinem Pflanzenöl	Leiter Umweltschutz	1/97
Verbesserung der Abfallwirtschaft	Erweiterung der Abfallbilanz um Anfallort und Anfallfrequenz	Leiter Umweltschutz	1/97
Öffentlichkeitsarbeit Umweltschutz	Regelmäßige Pressearbeit im Bereich Umweltschutz	Leiter Marketing	kontinuierlich
Ausbildung der Mitarbeiter im Umweltschutz ermitteln	Fortbildungsbedarf in Sachen Umweltschutz	Leiter Personal Leiter Umweltschutz	11/96
Verringerung der Absolutmengen an Gefahrstoffen	Prüfung ob weitere Einsparungen möglich sind (z.B. mehrmalige Umläufe, Wiederaufbereitung)	Leiter Produktion Schichtführer Vorbereitung	kontinuierlich
Abwassermengen verringern	Vermehrter Einsatz von Hochdruckreinigern in der Produktion	Leiter Haustechnik	kontinuierlich
Senkung von Umweltbelastungen	Hydrauliköl bei den Muldenkippern auf biologisches Erzeugnis umstellen	Leiter Instandhaltung	kontinuierlich

von Kalb- und Rindfleisch keine Gefahr durch BSE-Verseuchung und ein klares Nein zum EU-Vorstoß, Grenzwerte für Pestizide in der Babynahrung anzuheben.

Folgende Module werden für den Dialog mit der Öffentlichkeit eingesetzt:

- Elternservice
  In Briefen und Telefongesprächen wenden sich die Eltern mit Fragen und Anregungen direkt an die Mitarbeiter. Durch diesen engen Kontakt mit den Verbrauchern kennt Hipp die Bedürfnisse seiner Kunden genau und kann ihnen das Vertrauen, das sie in Hipp Babynahrung setzen, bestätigen.

- Pressearbeit
  Mit Hilfe von Pressemitteilungen werden die Medien über die aktuellen unterrichtet. Das betrifft die Vorstellung neuer Produkte genauso wie die Darstellung des Bio-Anbaus oder die Veröffentlichung des neuesten Umweltberichts.

- Besichtigungen
  Zur Politik der offenen Türen gehören auch die durchgeführten Besichtigungen. Bei einer Führung durch das Unternehmen können sich die Besucher selbst ein Bild vom innerbetrieblichen Umweltschutz machen. Zu den prominenten Gästen in Pfaffenhofen zählte zum Beispiel der bayerische Ministerpräsident Dr. Edmund Stoiber mit Gattin im März 1998.

- Mitarbeit in Ausschüssen
- Normenausschuß Grundlagen des Umweltschutzes (NAGUS) beim Deutschen Institut für Normung e.V. (DIN) zur Vorbereitung von Regeln und Gesetzesvorlagen.
- Dr. Claus Hipp ist Vorsitzender des Umweltausschusses des Deutschen Industrie- und Handelstages (DIHT)
- Mitgliedschaften
- Bundesdeutscher Arbeitskreis für Umweltbewußtes Management (B.A.U.M. e.V.)
- Arbeitskreis Ökologischer Lebensmittelhersteller (AÖL)
- future e.V.
- Dr. Claus Hipp ist Mitglied des WWF-Kuratoriums

Organisation des Umweltschutz

Umweltschutz bei Hipp wird gelebt. Das beweisen täglich die rund 750 Mitarbeiter, die diese Idee mittragen und ständig verbessern. Sie werden regelmäßig über aktuelle Entwicklungen informiert und setzen sich aktiv in verschiedenen Arbeitsgruppen für stetige Verbesserungen ein.

Seit im Juli 1996 das betriebliche Vorschlagswesen im Werk eingeführt wurde, haben die Mitarbeiter diese Möglichkeit stark genutzt. Pro Jahr werden ca. 70-80 Vorschläge eingereicht.

Tabelle 4: Abschneiden der Hipp-Umweltberichte in Rankings

1996	Platz 2 bei mittelständischen Unternehmen (veröffentlicht in *Capital* 5/96)
1997	Platz 1 aller bewerteten Umwelterklärungen (*Blick durch die Wirtschaft* 6/97)
1998	Platz 2 bei mittelständischen Unternehmen (*Capital* 5/98)

Der Umweltkoordinator führte 1996/97 zahlreiche Schulungen der Mitarbeiter aus verschiedenen Bereichen durch, darunter Schlosser, Schichtführer Produktion, Lehrlinge, Einkäufer, Mitarbeiter der Bauabteilung und Elektriker. Weitere 20 Personen des oberen und mittleren Managements haben sich auf das Mitte Juni 1997 durchgeführte Folgeaudit zur EG-Öko-Audit-Verordnung vorbereitet. Damit wurden seit Anfang 1996 130 von 750 Mitarbeitern geschult. Weitere Fortbildungsmaßnahmen im Bereich Produktion, Labor und Entwicklung sind geplant. 1997 nahmen 350 Mitarbeiter an Schulungsveranstaltungen im Umweltschutz teil.

Sieben Beauftragte überwachen die verschiedenen Bereiche im Umweltschutz:

- *Beauftragter Umweltmanagementsystem*
Der Geschäftsführer Werk ist als Mitglied der Geschäftsleitung Beauftragter für das Umweltmanagementsystem.

- *Sicherheitsfachkraft*
Ein Mitarbeiter der Produktion kümmert sich um die Sicherheit der Belegschaft am Arbeitsplatz. Verschiedene Mitarbeiter unterstützen neben ihrer regulären Tätigkeit die Sicherheitsfachkraft.

- *Abfall- und Gewässerschutzbeauftragter*
Die Zuständigkeit für Abfall- und Gewässerschutz liegt bei der Stelle Koordination Umweltschutz.

- *Gefahrstoffbeauftragter*
Ein Mitglied des Betriebsrats ist als Gefahrstoffbeauftragter zuständig für die sichere Lagerung und Handhabung der Gefahrstoffe wie Schmieröle, Reinigungsmittel etc.

- *Strahlenschutzbeauftragter*
Im Labor wird die Rohware unter anderem auf Pestizidrückstände untersucht. Dazu werden Gaschromatographen betrieben, die vom Strahlenschutzbeauftragten überwacht werden.

- *Immissionschutzbeauftragter*
Ein Mitarbeiter des Technik-Teams ist als Immissionsschutzbeauftragter zuständig für die Durchführung der Lärm- und Abluftmessungen. Darüber hinaus erstellt er jährlich einen Emissionsbericht und ein Emissionskataster (Übersicht über Emissionsquellen).

Teil 4: Nahrungsmittel

Folgelieferung Januar '99

Umweltkosten

Ziel einer Umweltkostenrechnung ist in erster Linie, die Transparenz umweltbedingter Kosten zu gewährleisten. Voraussetzung dafür ist eine Verrechnung der Umweltkosten mit den verursachenden Kostenstellen. Um den Mehraufwand an Erfassung und Verrechnung möglichst gering zu halten, ist es vorteilhaft, die Umweltkostenrechnung in das bestehende Kostenrechnungssystem zu integrieren.

Die Umweltkostenrechnung bei Hipp ist prozeßorientiert gestaltet. Für die Produktionsanlagen (Prozesse) werden Prozeßbilanzen erstellt, mit Hilfe derer man, ähnlich wie bei einer Ökobilanz, den In- und Output abbildet. Umweltrelevant sind dabei Abfall-, Wasser-, Energie- und Abwassermengen. Mehrere Prozesse werden zu einer Prozeßgruppe zusammengefaßt. Diese Prozeßgruppen bilden gleichzeitig jeweils eine Kostenstelle (z.B. Gemüsevorbereitung), auf die die gesamten Umweltkosten der beteiligten Prozesse verechnet werden. Weiterhin werden Mehrkosten der Roh-, Hilfs- und Betriebsstoffe sowie Löhne und Gehälter der Mitarbeiter, die mit Umweltschutzaufgaben beschäftigt sind, als auch Abschreibungen und Instandhaltungskosten auf Umweltschutzanlagen zu den Umweltkosten gezählt.

EG-Öko Audit und ISO 14001

Als erster großer Lebensmittelhersteller in Europa hat der Hipp Standort Pfaffenhofen das EG-Öko-Audit bestanden. Nach einer zweitägigen Prüfung durch den Gutachter erhielt Hipp am 6. Dezember 1995 die Standorteintragung bei der Industrie-und Handelskammer in München.

Anfang 1997 erfolgte eine interne Umweltbetriebsprüfung. Am 17./18. Juni 1997 fand die Folge validiert nach EG-Öko-Audit und die Zertifizierung nach DIN ISO 14001 statt.

Darüber hinaus wurde der Standort Gmunden / Hipp Österreich am 9. Juli 1997 nach der EG-Öko-Audit-Verordnung validiert und in das Standortverzeichnis des österreichischen Umweltbundesamts in Wien eingetragen.

1998 wurde der Standort Gmunden nach DIN ISO 14001 zertifiziert und das Folgeaudit nach EG-Öko-Audit durchgeführt.

Für den Standort Pfaffenhofen stand ein Wiederholungsaudit nach DIN ISO 14001 auf dem Programm.

Umweltauswirkungen

Rohstoffe

Vor vierzig Jahren unternahmen bereits die Eltern der heutigen Gesellschafter

Tabelle 5: Umweltschutzkosten und Kennzahlen

Umweltgebühren

	1995 Kosten in DM	1996 Kosten in DM	1997 Kosten in DM	Veränderungen seit 1996 in %
Wasser	385.208	356.045	356.770	0,0
Abwasser	479.716	501.813	397.242	−20,8
Abfall	224.623	258.669	314.217	+21,5
Energie	1.783.111	1.814.997	1.992.217	+9,7
Summe	**2.872.658**	**2.931.524**	**3.040.339**	+3,7

Kennzahlen
1995:   82 DM / Tonne Umweltgebühren
1996:   73 DM / Tonne Umweltgebühren
1997:   69,5 DM / Tonne Umweltgebühren
Ziel 1998:   68 DM / Tonne Umweltgebühren

Claus, Georg und Paulus Hipp erste Schritte in Richtung biologischer Anbau.

In jahrelanger partnerschaftlicher Zusammenarbeit mit den wichtigsten Bio-Verbänden wurde die Beschaffung von ökologisch erzeugten Rohstoffen aufgebaut und weiterentwickelt. Der Anteil der Bio-Rohstoffe am gesamten Rohstoff-Einsatz ist deshalb ständig gestiegen. Die Grundlage der Zusammenarbeit mit den Erzeugern waren zunächst die Vorschriften des Hipp Bio-Anbaus im Einklang mit den Richtlinien der Verbände. Inzwischen werden diese ergänzt durch die EWG - Verordnung 2095/91 von 1991 über den ökologischen Landbau. Aus den anfänglichen Pionierleistungen in der Zusammenarbeit mit den Landwirten und Verarbeitern entstanden inzwischen gut organisierte Beschaffungssysteme und Marktstrukturen.

Die ursprünglich vorwiegend nationale Beschaffung der Bio-Rohstoffe wird zunehmend international. Viele Bio-Obstrohstoffe können nur in tropischen Ländern in der für Babykost geeigneten Qualität angebaut werden. Die Bio-Bananen stammen zum Beispiel aus Costa Rica.

Bei Fleisch und Milchwaren dagegen setzt Hipp auf örtliche Nähe. Bio-Kalbfleisch stammt von Kälbern, die in artgerechter Tierhaltung zum Beispiel im Naturschutzgebiet Darß an der Ostsee aufgewachsen sind. Bio-Rindfleisch und Bio-Milch kommen aus dem Alpenvorland. Kälber und Rinder weiden auf Wiesen, auf denen keine chemischen Spritzmittel ausgebracht werden.

Mit dem Bio-Anbau wurde ein Rohwarenbeschaffungssystem etabliert, das in der Lebensmittelbranche seinesgleichen sucht:

Tabelle 6: Energieverbrauch

	1995 Leistung in 1.000 kWh	1996 Leistung in 1.000 kWh	1997 Leistung in 1.000 kWh	Veränderungen seit 1996 in %
Treibstoffe	4.343	4.904	4.652	– 5,1
Strom	4.750	5.166	5.402	+4,6
Heizöl	5.547	8.021	4.420	– 44,9
Erdgas	25.751	27.509	32.952	+19,8
Gesamt	**40.391**	**45.600**	**47.426**	+4,0

Folgelieferung Januar '99

- Der kontrollierte Hipp Bio-Anbau beginnt mit einer Schadstoffuntersuchung der Böden, die als Anbauflächen vorgesehen sind. Die Anbauflächen müssen weitab von stark befahrenen Straßen und Schadstoffemissionsquellen liegen. Selbst die Windrichtung wird dabei berücksichtigt.

- Im ökologischen Anbau darf nur ungebeiztes Saatgut verwendet werden, es darf nicht chemisch behandelt worden sein. Dies wird durch eigene Laborkontrollen sichergestellt.

- Von der Aussaat bis zur Ernte werden die Kulturen ständig von Anbauberatern überwacht und kontrolliert.

- Der Einsatz von chemisch-synthetischen Spritzmitteln aller Art ist strengstens untersagt. Unsere Landwirte beseitigen deshalb das Unkraut mit mechanischen Mitteln und auch von Hand. Das ist zwar aufwendig, aber umweltschonend.

- Zur Schädlingsbekämpfung werden natürliche Methoden angewandt.

- Durch eine entsprechende Fruchtfolge wird für natürliche Bodenfruchtbarkeit und ein ökologisches Gleichgewicht der Äcker gesorgt.

- Verzicht auf treibende Mineraldünger fördert eine organische Pflanzenernährung und somit die Gesundheit von Boden und Gemüse.

- Eine langfristige Zusammenarbeit und ein starkes Vertrauensverhältnis zwischen Hipp und den Landwirten ist wichtig.

- Der Einsatz von Bio-Rohstoffen konnte auch 1997 ausgebaut werden. Geplant war ein Anteil von ca. 70 Prozent, tatsächlich stieg er auf 73 Prozent. Dies ist auf einen erhöhten Einsatz von Bio-Obst (Traubensaft, Apfel-, Bananen-, Pfirsich- und Birnenpüree) zurückzuführen. Hipp ist heute weltweit größter Verarbeiter von ökologisch erzeugter Rohware.

Tabelle 7: Energieverbrauch in kWh pro t Produkt	
1995	1.151
1996	1.137
1997	1.085
Ziel 1998	1.060

Energie

Der Hauptenergieträger in den Werken ist Erdgas, das neben Heizöl in den Kesselhäusern zur Erzeugung von Prozeßdampf eingesetzt wird.

Ab Winter 1999 ist geplant, durch die Anbindung an ein Biomasse-Heizkraftwerk den Hauptteil der Energie aus nachwachsenden Rohstoffen (Holzhackschnitzel) zu gewinnen. Damit kann ein wesentliches Ziel des Rio-Abkommens von 1992, eine deutliche Reduzierung des CO_2-Ausstoßes, übererfüllt werden.

Während das Rio-Abkommen eine Reduzierung der Emissionen um 25 Prozent vorsieht, kann Hipp durch diese Maßnahme voraussichtlich 80 Prozent einsparen. In Deutschland werden lediglich 1,9 Prozent der Energie aus regenerativen Quellen genutzt.

Darüber hinaus werden seit April 1997 zwei PKWs mit reinem, kaltgepreßten Pflanzenöl betrieben. Sobald erste positive Erfahrungsberichte vorliegen, werden weitere Fahrzeuge umgerüstet.

Der absolute Energieverbrauch hat in den letzten Jahren zugenommen. Bezogen auf die Produktionsmenge nahm der spezifische Energieverbrauch ab.

Wasser

Über 90 Prozent des gesamten Frischwassers für die Produktion werden von vier betriebseigenen Brunnen geliefert. Diese fördern Wasser aus einer Tiefe von 21 bis 70 Metern zu Tage. Nachdem dem Wasser das Eisen entzogen wurde, übertrifft seine Qualität die Anforderungen der Trinkwasserverordnung bei weitem.

Hipp erhielt im November 1997 für das aus dem leistungsfähigen Brunnen (Georg Hipp Brunnen) gewonnene Trinkwasser die amtliche Anerkennung als natürliches Mineralwasser. Es wird dem neuen Produkt »Babyschorle« zugemischt.

Aus zwei weiteren Brunnen (Arteserbrunnen) auf dem Betriebsgelände werden jährlich etwa 46.900 m³ Wasser für Kühlzwecke entnommen.

Der Wasserverbrauch im Werk Pfaffenhofen sank im vergangenen Jahr um über 22.000 m³. Das entspricht einer Menge Wasser, von der 1.200 Menschen ein Jahr lang täglich duschen können.

Hauptgrund für diese Entwicklung ist die Modernisierung der Gemüsevorbereitung.

■ Schwemmsysteme, die zum Transport des Gemüses notwendig waren, wurden durch bessere Maschinenaufstellung und kürzere Transportstrecken überflüssig.

Tabelle 8: Wasserverbrauch

	1995 Menge in m³	1996 Menge in m³	1997 Menge in m³	Veränderungen seit 1996 in %
Arteserwasser	46.092	46.796	46.936	+0,3
öffentliche Wasserversorgung	68.805	7.594	5.757	−24,2
Brunnenwasser	352.500	430.817	410.167	−4,8
Gesamt	**467.397**	**485.207**	**462.860**	**−4,6**

Tabelle 9: Wasserverbrauch in m³ pro t Produkt

1995	13,3
1996	12,1
1997	10,6
Ziel 1998	10,0

- Bei der Gemüsevorreinigung konnte durch mehrmaliges Verwenden des Waschwassers der Wasserverbrauch gesenkt werden.
- In der Bodenreinigung werden verstärkt Hochdruckreiniger eingesetzt. Gegenüber herkömmlichen Schläuchen erreicht dieses Reinigungsverfahren einen besseren Reinigungseffekt bei gleichzeitiger Wassereinsparung.
- Auch die Änderung der Wasserführung in der Klimaanlage für die Labors trägt zu einem niedrigeren Wasserverbrauch bei.
- Reduktion von Wasserzapfstellen.

Verpackung

Für die Produkte ist Glas das wichtigste Verpackungsmaterial. Einer Mehrwegverpackung steht Hipp grundsätzlich positiv gegenüber. Der Arbeitskreis zum Thema »Mehrweg-Einweg?« kam jedoch zu folgenden Ergebnissen, die eine Umstellung vorläufig zurückstellen:

- Lange Distributionswege in Verbindung mit niedrigen Umschlagshäufigkeiten sowie überproportionaler Reinigungsaufwand bei Rücklaufgläsern machen die ökologischen Vorteile eines Mehrwegsystems zunichte.
- Die für Baby-Food erforderliche Vielzahl an Glasgrößen ist im Mehrwegbetrieb wirtschaftlich ineffizient.
- Das Risiko der Produktgefährdung wird durch beschädigte oder kontaminierte Rücklaufgläser unkalkulierbar.

Trotzdem ist es gelungen, ökologische Verbesserungen zu erzielen: Seit 1994

Auszeichnungen im Umweltbereich

Bayerische Umweltmedaille

Für sein 30jähriges Engagement für die Umwelt und die Pionierarbeit auf dem Gebiet ökologischer Lebensmittelherstellung erhielt Claus Hipp im November 1996 die Bayerische Umweltmedaille. Dr. Thomas Goppel, Bayerischer Staatsminister für Landesentwicklung und Umweltfragen, der die Auszeichnung verlieh, betonte in seiner Laudatio: »Es ist Claus Hipp ein besonderes Anliegen, die Produktions-und Anbaumethoden ständig zu verbessern und damit nicht nur die Babynahrung mit stets gleichbleibender hoher Qualutät herzustellen, sondern auch gleichzeitig die Umwelt maximal zu schonen«.

B.A.U.M. Umweltpreis

Vom Bundesdeutschen Arbeitskreis für Umweltbewußtes Management (B.A.U.M. e.V.) wurde Bernhard Hanf, Umweltkoordinator bei Hipp, ausgezeichnet. Für seine vielfältigen Aktivitäten und sein großes Engagement für den innerbetrieblichen Umweltschutz überreichten Bundesumweltministerin Dr. Angela Merkel sowie Dr. Georg Winter und Dr. Maximilian Gege vom B.A.U.M. Vorstand im Februar 1997 auf der Messe Domotechnica in Köln den Preis. Neben Bernhard Hanf wurden insgesamt elf weitere Personen aus Wirtschaft und Wissenschaft geehrt.

ASU-Auszeichnung für umweltbewußte Unternehmensführung

Im Juni 1997 zeichnete der Arbeitskreis Selbständiger Unternehmer e.V. Claus Hipp für das ganzheitlich praktizierte umweltorientierte Unternehmenskonzept aus. Damit erhält Claus Hipp · nach 1989 und 1992 · bereits zum dritten Mal diesen Umweltpreis.

Ökomanager des Jahres 1997

Für sein persönliches Engagement und die konsequente Umsetzung seiner Vorstellungen zum Umweltschutz wurde Dr. Claus Hipp am 19. November 1997 in Bonn der Titel »Ökomanager des Jahres 1997« verliehen. Die Auszeichnung der Umweltstiftung WWF-Deutschland und der Zeitschrift »Capital« zählt zu den höchsten Umweltschutzpreisen in Deutschland.

wird an einer Reduzierung der Stärke der Glaswände gearbeitet. 1994 wurde das Glasgewicht um 5 Prozent gesenkt, in einer 2. Stufe 1996 um 12 Prozent. Das bedeutet eine Einsparung seit 1994 von rund 2.000 Tonnen Glas.

Für den Transport der gepackten Paletten wurde bisher Schrumpffolie eingesetzt. Durch den Ersatz mit dünner Stretchfolie in diesem Bereich PE-Material eingespart.

Die Umstellung der Gläschenverpakkung von 12er-Tray auf 6er-Tray hatte eine Erhöhung des speziellen Verpakkungsverbrauchs (Pappe, PE-Folie) zur Folge.

Im österreichischen Produktionsstandort Gmunden werden für den Verschluß

Folgelieferung Januar '99

BDI Umweltpreis

Für die systematische Einführung und Umsetzung eines Umweltmanagementsystems erhielt Hipp auf der ENTSORGA am 12. Mai 1998 den ersten Preis des Bundesverbandes der Deutschen Industrie (BDI) in der Kategorie »Umweltorientierte Unternehmensführung«. Gleichzeitig wurde Hipp in der Kategorie »Managing for sustainable development« als deutsches Unternehmen für den europäischen Umweltpreis nominiert. Bei der Preisverleihung im niederländischen Leeuwarden wurde Hipp mit der Anerkennung der Jury bedacht.

Anerkennung durch den BWF

Der Kommunikationsverband Bayern BWF e.V. zeichnete im Januar 1998 den Hipp Umweltbericht mit einer »Anerkennung« aus. In der Begründung heißt es: »Hipp geht weit über die durch die EG-Öko-Audit-Verordnung vorgegebenen Mindeststandards hinaus ... Insgesamt wird auf leicht verständliche Weise ein umfassender Einblick in die umweltorientierte Unternehmenspolitik von Hipp gegeben.«

der dort hergestellten Diät- und Leichtmenüs keine aluminiumhaltigen Verbundfolien mehr verwendet. Bei den jährlich produzierten 700.000 Menüschalen werden dadurch 2,3 Tonnen Aluminium eingespart.